读客®图书

永远不要
找别人
要 安全感2

韩梅梅 著

北京联合出版公司

目录

01 你的选择，就是人生 / 001
　　以后，会好吗？会的。

02 我们能坐下来谈谈吗？ / 031
　　女人的痛苦，源自对男人的误解太深。

03 没有岁月可以回头 / 053
　　谁不想为自己而活？

04 说前女友坏话 / 073
　　女人这种生物，
　　有时候真的很让人匪夷所思。

05 如果可以重新选择 / 083
　　生活没有橡皮擦。

06　女人一定要有钱 / 107

一个女人，如果穷，如果自卑，就会迎合和容易被收买，容易被坏人用物质打动。但是，如果自己有了钱，有了底气，就有更大的勇气，去追求自己想要的生活。没有钱，也可以谈理想，但有了钱，理想会更近一点。

07　吃货人生 / 131

爱吃的孩子，都应该被温柔对待。

08　请不要说广场舞大妈的坏话 / 157

每个老年人，都有过一个青春。
我们都是要老的，而且很快。
所有人，都别忘了这一点。
不管你现在多年轻。

09　倒追的米粒 / 179

她从来都不是一个有心机的人，
这种玩心机的感觉，让她非常不好受。

01
你的选择,就是人生

以后,会好吗?会的。

1

"你知道在北京,哪家医院可以做DNA检验,在小孩没出生前,就知道是谁的吗?"

"我不知道啊。"听到阿米的问题,我一头雾水。前几个月就听说她怀孕了,掐指一算,快生了。

"我的孩子,不晓得是谁的……"

"啊?!"我十分惊讶。

2

我和阿米是发小,在一个院儿长大。我们的家境都不太好,长得也一样瘦小,所以经常受到以小雄哥哥为首的大孩子们的欺负,也因此,我俩关系很好。

每个周末，我会从家里拿出妈妈的耳环、口红，她从她姑姑家里拿出纱巾，我们到办公楼的小阁楼里办家家。你给我打扮，我给你打扮，一边玩一边商量将来怎么报复小雄哥哥。

我们的计划是，等到过年，往他家的蜂窝煤里偷偷塞两颗鞭炮。

可是，还没等到过年，小雄哥哥家就搬走了。

怎么办？我壮志未酬，十分遗憾。

"我们把他忘了吧！"阿米说。

她成熟的话语让我赞同并敬佩不已。

这样的对话还有。

比如，我问她："等我们长大了，就什么都好了，是这样吗？"

"是的，肯定会的。"

阿米是这样坚信的。

她比我更盼望着长大，盼望着"好了"。

因为她的童年太苦、太黯淡了。母亲生下她，就去了外地打工没回来，后来父亲也走了。听说他俩离了婚，各奔天涯，忘记了还有个女儿在这个世上。

阿米在姑姑家生活。姑姑对她说不上好，也说不上不好。饭是能吃饱的，过儿童节也有新衣服，但是，姑姑的脸上，很少有笑容。

3

我考上了外地寄宿中学。离开那天,她跑到我家来跟我一起睡,紧紧搂着我,就如要跟至爱的亲人离别,泪水把枕巾都浸湿了。
"你要给我写信啊!"她说。

4

我们的信,一通就是十几年。
这十几年,我离开了县城,到了市里念书,后来去了北方。她的信,大多数时候,从县城里寄来。

1995年

"上中学,真的很无聊,今天晚自习,我们班的男生又把老师打出去了。没人管,我也偷偷跑出去和一个男生约会,他有一个Walkman,借给我听孟庭苇的《风中有朵雨做的云》,听这首歌,我真的好想哭……"

1996年

"中考结束了,我考得一般。我想念高中,但姑姑希望我早点读完中专出来工作。也行,我也想早点工作,就自由了。我想要自由,离开这个地方、这个县城,我真的待够了!对了,你觉得我填什么志愿好呢?是去读师范呢,还是读卫校?……"

1999年

"我卫校毕业了,分配回了县里,在一个乡村卫生所上班。这个地方,经常停水停电,冬天无比漫长……我感到窒息,一分钟都待不下去,但是为什么我有手有脚,却被困在这里?"

2000年

"我姑姑家搬到市里去了,我更加孤独,有一种被全世界抛弃的感觉。想辞职,但是被姑姑痛骂了一顿。我该怎么办?你买传呼机了吗?我想打电话给你,听听你的声音。"

2001年

"我恋爱了,和一个来这里支教的老师,他姓顾,家是市里的,是个好人。虽然他个子没有我高,但我必须和他恋爱,这也许是我离开这里唯一的机会了……"

5

小顾老师是爱阿米的,他爱她身上那种无所依靠的悲剧气质。一直以来,他就是一个普通的男人,但是遇见了她,他突然有一种强烈的冲动,想拯救她,温暖她,让她快乐,给她改变。当阿米轻轻把脸埋进他脖子的那一瞬间,他更加坚定了这一点。

春节,顾老师带阿米回了市里,住在他那个小房子里。

房子虽然老旧,却小而整洁。淡黄色的家具,一桌,一椅,一床,还有一个洒满阳光的小阳台。阿米在深夜起来,走到阳台往外看。

她看见街道,路灯。

这是城市,灯火永不熄灭。

她站在那里看了很久,忘记了冷。

想到乡下寂寞的黑夜,阿米下定决心:不回去了!

小顾老师带阿米去见他的母亲,一个多年独居的老人,阿米上前就拉住了老人的手,老人也笑眯眯地握住了阿米的手。

第二天,一起床,小顾老师发现阿米不在家。

打电话才知道,她去买菜了,买了菜之后,回到顾妈妈那里,给老人做饭呢。

6

2003年

"我结婚了,和小顾老师。只去领了结婚证,没有办婚礼。有没有婚礼我无所谓,终于不用再回乡下——我辞职了!小顾本来不同意我辞职,但是,我说,他妈妈需要我留在市里照顾,他就同意了。我希望他也别回去了,可他坚持要回去,说要将他的支教任期做满,他这人,挺高尚的,我有时候觉得嫁给他亏了,有时候又觉得配不上他……"

7

阿米像城里姑娘一样,去步行街买衣服和鞋子。售货小姐夸她漂亮,是真的。她真的很漂亮。她比过去自信多了,每天给顾妈妈做饭的时候,都哼着歌儿。她一如既往地好好照顾老人家,因为本来小顾是不想那么早结婚的,是顾妈妈起了作用。

每天下午,她穿上蓝白相间的制服短裙,走路,去挂着一串串电灯泡的大排档,做啤酒促销小姐,那座西南的城市一年四季刮着暖风,人们扎堆吃喝,狂欢不止。阿米漂亮,嘴巧,腿跑得快,很快业绩就上去了。

等下一次小顾老师再回市里的时候,她已经可以掏出一大把钞票,笑眯眯地说:"走吧,今天我请客!"

他们并排走在夕阳染红的街道,阿米穿着高跟鞋,顺手将手搭在了小顾的肩上,从背后看过去,他们并不像夫妻,倒有点像是姐弟。

8

2004年

"我要告诉你一个秘密,也只能告诉你。我爱上了一个人,虽然知道不应该,但还是这么做了。最让人难过的是,他有家庭、有孩子。我非常痛苦,每天晚上睡下去,都告诉自己不要和他联系了,但是第二天,又忍不住拿起手机……小顾不知道这件事情,他要是知道,会哭的……"

9

阿米爱上的男人叫老陈,是她所销售的啤酒的代理商,中年,有钱。

要搞定阿米这样的女孩,太简单了,只需要对她好。

给她安排轻松又挣钱的工作片区,当着所有同事的面,赞扬她,发很多奖金。然后在某天,不经意地把她叫进办公室,递给她一个漂亮的鞋盒子:"我看你每天穿的鞋鞋跟太高,不好,别只顾着漂亮,要懂得爱护自己。"

一双粉红色的平跟鞋,在鞋盒里,发着淡淡的温柔的光。

阿米穿着这双鞋,坐进了老陈的车。

夜里下班了,老陈说送她,却将车开上了高速,在黑暗中狂奔。

有车真好啊!她想。

车里放着音乐电台,怀旧专题,《风中有朵雨做的云》。

"吹啊吹吹落花满地,找不到一丝丝怜惜……"

阿米开着窗,吹着风,音乐还没有结束,她的左手已经被老陈握在手里。

她无法抗拒,此时此刻,她的心太软了。

10

第一次跟老陈在床上接到小顾电话的时候,她的心狂跳到爆,铃声像催命符一样让她快要窒息,她像热锅上的蚂蚁,拿着手机团团转,最后老陈一指,洗手间,她才一路小跑溜了进去。

第二次也是这样。

但第三次就好一点。

第四次，她在床上接的。说自己刚醒，还打了个哈欠。而老陈，正赤裸裸地从后面抱着她。

11

她爱上了老陈。

那是爱啊！不然，怎么会感觉那么好呢？

她越来越迷恋和他在一起。脸贴在一起，皮肤贴在一起，气息也融在一起。彻彻底底地在一起。

但是老陈却跟她约法三章："你我都是有家庭的人，所以，我们只能用两个谁也不知道的号码联系，我回到家，你不能给我打电话，当然，我也不可能打给你。你不要买任何礼物给我。给我，我也带不回家，很难处理。如果你需要什么、多少钱，尽管告诉我，我都可以给你。"

她失眠了，神经越来越脆弱。

突然觉得城市的夜，比乡下还漫长。

因为他回家了。

就像过着一种断裂的生活，上一个小时，还在耳鬓厮磨呢，下一个小时，就音信全无。

像个神经病一样，她拿着手机，放下去，拿起来，又放下去。

像一块大石头堵在心里，她就想打一个电话给他，不管说什么，就是想知道他会不会在家接她的电话，他会怎么说，是不是还和刚才一样温柔。

忍不住的时候，她就写邮件，发给远方的我。

我给她的回信是：去做些别的事情，哪怕出去走一走，也别坐在那里，越陷越深……

邮件往复之后，确实没那么心急火燎了。

她推开门，在街上散步，一走好几公里。

月亮的清辉照着她。

本以为，走了那么久，累了，也静了。"不想了，回去就睡。"

万万没想到，回到家门口，在单元门楼下，突然而至的冲动，还是让她又一次拿起手机，拨了出去……

她颤抖着，将手机贴近耳朵。

"你所拨打的电话已关机。"就像是一道铁门，猛地，就砸了下来！

那一夜就没法睡了。

凌晨四点半，她给他发了一条信息："我很难受……"

12

两天以后，阿米正在大排档工作，突然从远处过来十几个人。

一个女人冲到她面前,伸手就揪住她的头发,一个耳光:"我叫你难受!"

等她反应过来,自己已经躺在了地上。老陈老婆带来的人都围着她,踢她,骂她,还叫人过来看。

她流着眼泪,护着自己的头,一点反抗的意思都没有。

被人踢,被人踹,真没那么疼。

疼的是,那一张张嘴里,骂出来的话。

突然,她感觉到有人在拉自己,抬头一看,是小顾。

小顾把她拉起来,一个人,和十几个人对打。

他个子太小了,哪是对手,被人推来攘去。

那些人一边打他,一边羞辱他说:"你老婆都给你戴绿帽了,你还护着她……"

小顾发出愤怒的吼叫,像疯子一样扑上去。

13

小顾哭了,要和阿米离婚。

阿米坐在床上,一声不吭。

过了好半天,她才抬起头,说:"离也行,房子归我。"

14

小顾离婚了。他坐上火车，去了更远的青海支教。

房子给了阿米。

小顾的妈妈到现在也不知道这件事。他们不打算告诉她。

15

离婚以后，阿米又和一个叫老黄的人谈起了恋爱。

老黄是姑姑介绍的。是个老实宽厚的男人，开了一间小超市，过个温饱踏实的日子没问题。

之所以这么快就恋爱，是因为老陈老婆来闹过以后，阿米就成了过去那帮女同事背后议论的笑话，说她是别人的"情妇"。她很不喜欢这样，这个词太难听了！

她挎上老黄，到过去上班的大排档，当着她们的面，点了很多菜和酒。老黄给她夹菜，抽纸巾，她漫不经心地接受。她就是要让她们都知道，自己不是非要去当别人的情人，有的是男人爱自己！

老黄住进阿米房子的第一天，就把家里收拾了一遍。他把书柜上的好多书都捆了起来，说放在那里招灰，不如拿去卖了。

那些都是小顾的书。每一本上，都有他仔仔细细签上的名字。

老黄叫来收废品的人，噼里啪啦就打好包，过秤，留下五块钱，扛着就走了。

阿米看着那个人远去的背影，第一次，觉得对不起小顾。

16

老黄对阿米好，好到什么都依着她。

她不想去上班，他说，行，只要你高兴。

20岁出头的阿米，天天去打麻将。打到很晚回去，老黄还没睡，坐在沙发上看电视等她，还给她煮夜宵。

牌桌上，对面的牌友说："阿米，你命真好，找到老黄这么好的一个人。"

旁边的牌友说："老黄也是捡到便宜了，你这么漂亮，他对你好是应该的！"

阿米手里忙着抓牌，听他们这样说，心里舒服得不得了。

有一天，她和老黄回姑姑家吃饭。

姑姑教育阿米说："这一次要懂得珍惜，踏踏实实过，最好尽快把婚结了。"

老黄看向阿米。

阿米漫不经心地说："再等等吧，将来有钱买车了再结婚。"

其实，没车，并不是她不想再婚的真正原因。

真正的原因是：她和老陈，没有断。

17

她也不知道老陈是怎么找到那家麻将馆的。

看见那个熟悉的身影，听到熟悉的声音，她一下就不想打牌了。

老陈拉着她，又去湖边转了一圈。

车开得飞快。

她想听老陈为他老婆来打她的事情道歉。但是老陈根本不主动提这个事情。

她自己提。并且哭了。

老陈却说了一句："是你破坏了我们的约定在前。"

阿米怒了，赌气地拉开还在行驶的车门，要往下跳。

老陈一把拽住她。

车停在了路边。

她的嘴被老陈堵住。身体被压住。

她的抵抗，慢慢变成了迎合。

18

就是这样。她怀孕了。

她不知道孩子是谁的。

老黄欣喜若狂,不管他们结没结婚,这个孩子,他要定了。

看着老黄高兴的脸,她心里想:阿弥陀佛,这个孩子一定要是他的呀!

她把怀孕的消息告诉老陈。

老陈的第一反应就是让她去打掉。

这反倒激到了她。

她偏要把孩子生下来。

她对老陈说:"我希望孩子是你的,我倒要看看,你怎么个不负责任!"

阿米想在孩子出生之前知道问题的答案,于是写信求助我。就是故事一开始提到的那封信。

我知道了情况,劝她想好了再要这个孩子。

"不!这个孩子不管是谁的我都得要。"她说,"他是我后半生的希望。"

19

孩子出生了,被她和老黄抱回了家。

一下子忙碌了起来。

一个小生命,会动,会哭,会笑。真是神奇的存在。老黄整天"儿子儿子"喊个不停,笑得合不拢嘴,冲奶粉,换尿布,洗澡,忙前忙后,任劳任怨。

阿米心里很感动,一个男人有了孩子,真的很温柔。

她微笑地低头,看着襁褓里的孩子。

不用说,一看,就知道,是老陈的。

月子里,她趁老黄在厨房忙,偷偷给老陈发了一条短信:儿子,你的。

老陈没有任何回音。

老黄端着汤过来了。

她赶紧删掉短信。把手机放在枕头底下。

她喝着汤,心里想:这个孩子就是老黄的,我从今往后,和老黄好好过!

20

　　有了孩子以后,老黄拿出所有的积蓄买了车。

　　他说,不能让阿米去产后复查和带孩子去打预防针的时候吹风受罪。

　　和别的男人不一样,孩子还小的时候,只要晚上醒,阿米起来照料,老黄一定也会起来的。搭把手,抱一抱,哄一哄,绝不在一旁呼呼大睡。

　　每次去打预防针,老黄都把孩子抱得紧紧的,用自己的脸,挨着他,哄着他,给他擦去泪水。

　　孩子打第三次预防针的时候,阿米手机里出现了一条短信,是老陈发来的:"我往你账上打了三千块钱。从现在开始,每月三千。"

　　阿米跑出去给他打电话,他仍是不接。

　　阿米给他回复:"谁稀罕你的钱!"

　　后来的每个月,阿米的账上会准时出现那笔钱。

　　阿米真的一分没动。

21

孩子9个月的时候,阿米和老黄因为买婴儿车的事情争吵了起来。

阿米在网上看中了一款高景观的进口车,要三千多块,非常漂亮,推出去一定拉风。

老黄却觉得这样的东西,用一段时间就不会再用了,不用买那么贵的。他建议买几百块的就行了。

阿米说:"买便宜的,我将来都不想推他出去玩!"

老黄说:"别那么虚荣好不好?我们现在还要还车贷……"

阿米生气了,甩下一句:"我自己买还不行吗?"

就跑出去打麻将去了。

她一边打麻将,一边用手机下了单。

漂亮的大红色高景观车,3800。

用的是老陈给的那笔钱。

22

孩子取名叫黄满,老黄说,有他,就心满意足了。

满满不知不觉两岁了。

如果不是每个月账上出现那笔钱,阿米都快把老陈给忘了。虽然她有时也会想不明白:难道他不想来看看自己的儿子长什么模样吗?男人,狠起心来,真的就有这么狠心吗?

但是,她内心里又暗暗希望老陈永远不要来,永远不要再出现在她的生活里。因为,她已经开始踏踏实实和老黄过日子了。

老黄会做饭。每次给阿米做她最喜欢的宫保鸡丁,他总是去买最好的鸡腿肉,从骨头上剔下来以后,小心地用快刀在肉表面画上细细的十字,然后再切成小块儿。这样,能保证鸡肉吃起来入味并且Q弹饱满。每一天,老黄都会变着花样地给满满做好吃的。只要满满稍微有一点瘦了,他就去买鱼,炖出白白的鱼汤,然后用手将鱼刺一根根挑出来,喂给满满。

2007年

"每次看见老黄喂满满,就是我心里最幸福的时刻。我依稀记得小时候的梦想,就是想有一个这样的家,这样的一个画面,现在,我真的长大了,它真的实现了……"

23

我由衷地为阿米高兴。尤其是阿米还告诉我,每个礼拜,老黄都会开车送她去看望小顾老师的母亲。

这些年,她没有停止这么做。

老黄把她送到顾妈妈的小区门口,然后在那里等她,等她出来,然后再一起回去。风雨无阻,没有多问,也没有怨言。

连我,都对这个男人敬佩起来。

24

遗憾的是,满满三岁的时候,老黄有了怀疑。

因为孩子真的不像他。

邻居这么说,亲人这么说,还有知道阿米一些过去的朋友,也对老黄这么说。

于是老黄在做了好久思想斗争以后,问了阿米,说他想带满满去做个亲子鉴定。

阿米第一反应自然就是哭,勃然大怒,把一个枕头举起来扔给老黄说:"你想做你就去做吧!"

其实她心里很慌。

25

在那次大哭之后,老黄再也没有提亲子鉴定这件事情。

但是阿米知道,他的心里,已经画上了一个问号。如果不把这个问号打消,将来会出大事。

为了满满,为了这个家,她必须要把这个问号消除了。

这是她面临的人生最大的难题,她无法向任何人寻求帮助。

那段时间,麻将都不想打了。

她说去打麻将,其实去了网吧。

在网吧里,她上各种网站,寻求解决难题的方法。

一家省城的私人鉴定中心广告吸引了她的注意:"来鉴定的客户只要提供样本,不需要其他任何真实信息,甚至不需要本人前来,而鉴定中心也只对样本负责。"

她留下了那家机构的电话。

接下来,她要做的,就是找老陈。

26

早晨8点30分,吃过早餐的老陈,提着公文包,精神抖擞地从单元门里走出来。

迎头就撞上了抱着孩子的阿米。

他吓得不轻。

阿米教满满说:"满满,喊爸爸。"

满满不愿意,转过身,紧紧抱着阿米。

老陈连忙把他们拉到花园里。

"你疯了！"他一边轻声怒吼，一边往自己家窗户上看。

阿米的心，都疼酸了。她突然觉得自己太不值了，此时此刻，这个男人的慌张和胆小，让她猛然醒悟，当初自己真的是瞎了眼、蒙了心，怎么会看上这么个人，还那样地迷恋他，更因此做出了让自己如此难堪的傻事？

但此时不是后悔的时候。阿米冷静地掏出一只采血针，说："去你车里，取一管血给我。我拿到，马上就走，不会再来找你了。"

这时已经有邻居好奇地往这边张望。老陈什么都不顾了，赶紧接过采血针，快步走向自己的汽车……

27

在家里，阿米同样递了一只采血针给老黄："给！"

老黄很惊讶："干吗？"

"你不是想做亲子鉴定吗？宝宝的血已经采好了，你把你的采好，我托人带到省城去，几天就可以出结果。"

"阿米……"老黄反倒有些歉疚起来。

"你什么都不用说了，做了，你就踏实了。"阿米言辞坚定。

28

第二天,阿米将老陈的血样写上了老黄的名字,连同孩子的血样一起,寄给了省城的私人鉴定中心。

几天后,结果回来了。

她将结果漫不经心地放在桌上。老黄一回家就看见了。

那天晚上,老黄搂着她,更紧了。

她背对着老黄,闭上眼睛,真想长长地松一口气。

29

经历了这件事情,阿米更加懂得珍惜了。她想更好地把这个家经营下去。

她戒了麻将,每天去老黄的店里帮忙。并且,计划着开分店。

她第一次体会到,认真做事,能够减轻内心的焦灼感。

好生活,是需要一个脚印,加一个脚印走出来的。

她和老黄,齐心协力,把分店开起来了。

分店位置选得不错,一开业就客流不断。

晚上,满满睡了,阿米和老黄坐在沙发上数钱。

"这种感觉真好啊!"她嬉笑着举起两张钱,靠在老黄身上。

"过了这个夏天,满满就上幼儿园了。"阿米说,"我要送满满去上最好的幼儿园!"

"哎呀!真快呀!眼看着儿子都要上学了。要不,我这次去省城进货,把他带上,带到游乐园去玩一玩。回来就好好上学!"老黄说。

"行啊!"阿米高兴地答应了。

30

老黄带着满满去省城了。阿米一个人照料两家店,忙得不可开交。

每天晚上关门了,店员都回家了,阿米还继续留在店里,打扫卫生,把货架擦得一尘不染。一来,她不想那么早回家,老黄和孩子不在,家里太冷清;二来,老黄回来时,看到他不在,店里却被经营得很好,他会高兴的。

第三天晚上,阿米拖着疲惫的身体回到家里。

很意外,满满在家呢。

"满满。"她高兴地扑过去,却发现孩子在哭。

"怎么了,宝贝?"

满满说:"爸爸……"

"爸爸怎么了?"阿米抬起头在家里寻找。

"爸爸哭了!"

"什么？"

阿米把儿子抱起来，想问个究竟。

"你给妈妈说，不是要去一个礼拜吗？怎么今天就回来了？"

"爸爸带我回来的。"

"爸爸呢？"

"爸爸走了……"

满满话音刚落，阿米四处寻找的眼神已经落在了餐桌上。

那里有一张纸。

纸上，有四个字，瞬间刺痛了她的眼睛：亲子鉴定。

31

至今，阿米也不知道，老黄是怎么想起带满满去做亲子鉴定的。

也许，她第一次将假的鉴定结果给他的时候，他就还是怀疑的。所以打定了主意，要找借口亲自带满满去省城做。又或者，他只是带满满去了省城，临时起意，去做了一下。

总之，他知道结果了。

并且受伤了。

没有留下一句话，他走了。

刚开始的那几天，阿米认为他只是在气头上，缓一缓，还是愿意回来，愿意听她解释的。他肯定会舍不得孩子的，虽然不是他亲生的，但是相处了这么多年，他真的放得下吗？抱着这样的想法，阿米天天不停地拨打那只被关掉的手机。

第一个星期，每天拨打一百遍。第二个星期，每天拨打九十遍。第三个星期，每天拨打八十遍。

直到，她确定：

他，不会回来了！

32

2008年

"一个人，就这样消失了。什么话都没有留下。哪怕他留下几句骂我的话也好！我现在十分后悔，后悔不该做出那样的事，去欺骗老黄。还不如当初就向他坦白，也许，他是愿意和我带着满满生活的。现在的我，每天都像木头人一样，生活没一点儿意思。店也不想看，新店已经被我盘出去了。我真的好想好想和他们一样，远走他乡，去哪儿都行，但是，我有满满，哪里都去不了……"

33

现在的阿米,倒是不愁吃、不愁穿了。

每天晚上,她会和朋友一起去吃烧烤,唱K,喝多了酒,她特别放得开。

于是她并不孤单,经常有男士送花给她。

她后来又和老张、老李、老孟、老秦谈过恋爱。她把他们带回家。

开始总是分分钟都很甜蜜,耳朵很容易就得到满足。阿米试图从他们身上找到爱情,现实却是,他们想要的,只是和她的一时欢愉而已。后来,她都懒得哭了。

再也找不到老黄这样的男人了。阿米很清楚,也很心痛。

更让她心痛的是,这些年,她越多带一个男人回家,满满看她的眼神就越冷漠。

有一天,她带着满满看店。

店里来了一个醉鬼,出言不逊,阿米和他大声吵了起来,差点动手。

这时,她看向5岁的儿子。

虽然他还很小,但是在此时,她仍是希望儿子能成为她的支柱,他能过来帮自己,哪怕是大哭几声也好。

但是,满满无动于衷,不管他们怎么大声、怎么激烈,他始终在玩他的玩具,头都没有抬起来一下。

阿米给我讲起这件事的时候,仍是极深的受伤的表情。

我从外地回到家乡,专门去看她。

这时的满满已经是大孩子了。我和阿米在咖啡厅面对面聊天,他穿着鞋,在沙发上蹦来跳去。

有服务员过来阻止。

阿米把孩子拉下来,伸手就狠狠地给了一巴掌。

小孩顿时发出杀猪般的哭喊声。

阿米不耐烦地把他按在身边,说:"这孩子真是越来越难管了。我都不知道他将来会是什么样子,能不能指望上。"

我说:"会好的。将来他长大了,会懂得心疼妈妈的。"

阿米突然红了眼睛,说:"会好的。好熟的话啊。你还记得我们小时候说的吗?将来一定会越来越好的吗?现在才知道,会好的,那都是别人的生活……"

我竟无言以对。

我其实想说:阿米,未来会不会好,都是自己选择的结果。

但是,说这个,有什么用呢?

我们很快再次告别,各自继续各自的生活。

34

我相信的是,不管怎么样,阿米会带着孩子,顽强地生活下去。她会以自己的力量,把孩子养大。

时间很快的,不是吗?很快,孩子就会大了,我们老去。

那一天,似乎就在不远的将来——青春不在了,孩子离家了。有老伴儿的,一天看着老伴儿心烦;没老伴儿的,继续过着孤单的日子。

总之到最后,还是孤单的。

人得习惯。

只是,当我们老了,再来想,儿时说的"将来就好了"这样的话,是会笑,还是哭呢?

02
我们能坐下来谈谈吗?

女人的痛苦,
源自对男人的误解太深。

1

周一，客人最少，我让店员休息了，一个人在咖啡馆里。

下午时分，阳光倾泻进来，使人昏昏欲睡，鱼缸里的鱼都游得慢了。

门铃吟啷响了一声，进来两个女人，一个年龄大些，一个年龄小些。

店里的清净显然让她们满意，挑了个靠窗的位置坐下来，一人点了一杯美式。

我继续喝我的茶，听她们聊天的声音像浮尘一样，在阳光中跳动。

原来，是原配约谈小三。

两个人沉默了好一会儿，这场面确实有些许尴尬。最后，是小三先开了口：姐姐……

立马被打断：请别叫我姐，既然你平时叫他"叔"，那么，你是不是该叫我"婶儿"？

2

原配：我其实早就知道你，从来没有想过要跟你见面。但是，最近你闹得有些厉害，让他有些吃不消……你给我发的短信，我都看见了。你可能希望这些短信能让我们吵起来，但是，我觉得最应该做的事情，是来找你。

小三：找我做什么？

原配：聊聊这个男人。我今天不是来掐架的，甚至都不是带着恨来的。我也不会骂你是骚货、狐狸精。因为都是女人，都是因为爱一个人而痛苦。我只是想来告诉你一些真相，他在没有面对你的时候，是个什么样。在你们温存缠绵过后，他回到家里，是个什么样人。我想这个，你也是很想知道的。男人，有一面，是我看不到的，还有一面，是你看不到的。

小三：……嗯，那您说。

原配：我们结婚六年了。有一个儿子。

小三：我知道。

原配：这六年，他总共出轨过两次，你是第二个。

小三：……

原配：我简单说一下我们吧。朋友介绍，一见钟情，基本上见了面,就认定对方了。两年恋爱,一年双城生活。没有谁向谁求婚,自然而然地走到了结婚。双方父母认可,并且祝福我们,婚礼简单热闹。我妈把我的手交给他的时候,他说了一句,妈,你放心,我会一辈子照顾好她的。

将来,你也会结婚,你会知道,女人最好的归宿,是家庭。不管她曾是一个多么自由洒脱、标新立异的人,一旦走进婚姻,她的心会安静并且踏实下来,心慌和疲倦感没有了,再也不着急慌忙地生活,那种踏实感很好,值得付出下半生的时间去体会。

我们都有不错的工作,双方父母都通情达理,没有压力,完全不存在什么婆媳矛盾。所以,夫妻感情一直很好。

那时候我认为,日子会一直这样无忧无虑地过下去。

婚后第三年,我们的女儿一岁多的时候,我发现他出轨了。

一个女人加我的QQ号,上来就说了很多。

我把他叫回家,质问他,他全承认了,和那个女人说的一致。

那个女人是他多年以前的老同学,从国外回来,仗着高学历、漂亮的五官和身材,气势汹汹,一副要来抢人的架势。

只可惜,胸大无脑,做出了把我老公和我叫出去,要他当面选择的蠢举动。

我老公直接承认,和她是感情冲动,不希望解散家庭。

当时她的脸色真是非常难看,过于自信,自取其辱。

虽然他们后来断了,但我却着实难过了很长一段时间,有一段时间,几乎天天都想和他离婚。觉得自己眼里揉不下沙子,也无法接受已经出现瑕疵的婚姻。

我曾站在阳台上号啕大哭,想着一跃而下,一了百了,但是想着孩子的脸,就马上清醒过来了。

第二天,看着他买菜回来,把蔬菜一盒一盒地放进冰箱,我看着,心里想,他还知道买菜回来就好。

他坚持不谈离婚,默默地弥补,比以前还对我好。慢慢地,我也就放下了。

后来我尝试接受他,不再时刻想着这些事,疼痛让人清醒,我反思自己哪里做得不好。邋遢,脾气坏,抱怨多,各自玩各自的,很少一起出去旅行。

绝望只有一阵子。如果积极一点,带着建设性去想问题,这些不愉快,早晚会结束的。

修复过的感情,其实比以前更好了。

话比以前多了。

时不时去看个电影什么的。

然后,就到了你这里。

这次,我其实挺伤心的,因为他一犯再犯。

他以为我不会发现。

一切都很正常,按时回家,体贴入微。我父亲生病住院,他去陪了几天几夜。他做了一个好丈夫和好爸爸应该做的一切。

我开始也以为他已经收心了,再不会有什么了。

也曾偷偷翻过他的手机,确实什么可疑的东西都没有。

但是男人总是粗心大意,有一天,我上家里的台式电脑,无意中发现他老爱去看的一个空间,叫"一个人坐屋顶"。可能是女人的第六感吧,一种不安马上就升起来了。把那个空间看下去,我真的快要窒息了。

我知道,又出问题了。

我一页页翻看你的空间。

知道,这是一个强大的对手。

这个姑娘,温柔可人,得到了他的心。

你很爱他,能忍,默默承受,从不抱怨,所有委屈自己扛。

我们怕的,是身世可怜、楚楚动人、需要人照顾和怜惜、懂事的女人。

更怕的是,几乎从不主动给他打电话的女人。

就像你在私人空间里说的:"我不会破坏你的家庭,不需要你离婚,因为那样会伤害到你,伤害到你老婆和孩子,只要能跟你在一起,陪伴你就行了。"

你把你所有想说的话都写到空间里了。我看完之后,一边哭一边想,大不了离!我问自己,有没有能力承担所有的后果,并且做好了最坏的打算——带着孩子一个人过。

然后约他谈。

他仍是那句话,不愿意离婚。希望能再次得到原谅,让这个家继续下去。

我痛骂了他一顿,他全部接受,一再道歉。

他说,爱上别人,也是情难自禁,但是,家对他来说,意义更加重大。

所以,我又一次妥协了。

还能怎么样呢?

遇到这种问题,只有一个选择,就是放宽心。

后面的这段时间,我选择了当鸵鸟,把头埋进沙子。如果不去想,真的什么痕迹都没有,但我知道,他和你还有联系。

聪明的原配和聪明的小三,都不会闹腾。

无声的,用时间来较量。

直到最近,我知道你熬不住了。

我听说,你经常在办公室和他大吵。

还给我发短信。希望我知道你的存在。

是什么原因让你失衡了?

3

小三:时间。时间是打垮我们的最致命的武器。

如果我真是那种,什么都能够收放自如的女人,当初就不会爱上他吧。

刚开始,总是很疯狂的,他会安排所有能单独相处的机会,去见客户、出差,有时找个谈工作的借口把我叫去公司楼下的咖啡厅。他总是在谈话的时候,有意无意地夸我。女人嘛,好听的话听多了,总是会被灌得迷迷糊糊的。然后,他开始送我一些小礼物,刚开始是电脑边的一棵小绿植呀,一个暖手的杯子呀,后来会送一些好看的坠子,或者是手链。送的时候,总有特殊日子,或者各种契机,不会让人觉得突兀和别扭。

原配笑笑:他跟我说的,是你找各种机会接近他,他是个正常男人,无法抗拒诱惑。

小三:呵呵……有一次,走在路上,我鞋带开了,他突然蹲下来给我系鞋带。那一刻,我的心被什么击中了。一个大男人突然放低自己来关心你,那种好,是很容易击垮防线的。

后来他约我去郊区的农庄。在湖边,他说,我喜欢你。语气很认真。我当时只是笑,不知道怎么回答,他把手搭在了我的肩膀上。

从农庄回来的车上,我们接吻了。

接吻的时候,我感觉自己是一个罪人,我一边吻,一边说,你是有家庭的。

他搂紧我说,现在,什么都不要想……

渐渐地，我开始觉得，跟他在一起挺开心的，也开始盼望着多和他单独相处，这时，就完全不太在乎其他的事情了，比如，他已经结婚了。只想多得到一些快乐，仅此而已。为了这一点小小的目的，这背后很多隐藏的问题，暂时都看不见了。

你问我，为什么忍得住不给他打电话。

告诉你，是因为太爱了，才可能忍得住。

他是个善良的人，从来没有在我面前讲你的坏话。要提到，也是说你好。

在一起的时候，他对我很体贴，嘘寒问暖，还带着一丝歉疚，所以给我买了很多东西。那些贵的衣服和鞋子，的确让人感到开心，但这一年来，我家里的每一袋洗衣粉和卷纸都是他买的，这才让我感动。

对于一个从小家庭破裂的女人来说，对细微到洗衣粉和手纸的爱，是没有抵抗力的。

原配：你真的很天真，那是一种叫"宠你"的游戏，懂么？

小三：对，我傻就傻在，把这些甜蜜的小细节，作为他爱自己的证据。其实，这些细节毫无意义。

虽然我们每个星期见面的次数不多，但是，他每天都会给我写邮件。我知道，每个晚上，他都会到我的空间里看一看，所以，即便不打电话，我也用自己的沟通方式，和他说着话。

我不哭不闹，是因为没有什么好哭闹的，我选择了一个已婚男人，就应该承受这份注定残缺的感情和孤独。隐忍，是小三的必修课。

当小三，最大的悲哀是，不能不懂事。

小三必须处理好自己的嫉妒。所有的介意都自己尝。

有时候，还要催促他早点回家。

七夕节，他给你买的礼物，是我提醒他买的。

因为认识他，那个属于单身的无忧无愁的日子彻底结束了。

自责，内疚，苦苦挣扎。

情愿，又心不甘。

憋屈，崩溃。

夜里独自流泪。

疯狂地想他，却对自己说，别打扰他，别纠缠他。

扭曲，从来就不是看得见的，是无声无息的内心的煎熬。

再也回不去了，再也不是那个洒脱乐观的自己了。

深陷其中。

忍，拼命忍。

绝望。

不是没有提过分手。

一找他说分手，他就一副倍受打击的表情，看上去很痛苦。说实话，看到他两眼含泪，我的心比他还碎。

后来我为了逃离这一份内疚，请了一个星期的假，出去玩了一个礼拜，回到公司，看到他的时候我都惊了，他看上去很颓废消极，人都瘦了一圈儿。

原配：嗯，我知道那段时间，问他为什么不刮胡子，他对着镜子一边照一边说，这样更有男人味。

小三：后来，他把我叫到办公室，说，让我不要再折磨他，不要再乱跑了，他不会勉强我什么，只要我还能在他的视线范围之内就行了。这样的话，让我觉得自己很重要，看到另一个人为自己而憔悴不堪，我的心也很难受。

每次倍受煎熬的时候，他就说，人活着开心就好，谁知道人能活多久，下一秒钟会发生什么。

我觉得他说得也有道理。

"人生苦短，开心就好"，大概是出轨男人最爱说的话了吧。

4

原配：你们每周都上床吗？

小三：嗯。每周都去我那儿，有时去酒店开房间。细节就不跟你讲了。每次来，他总是很细心地把手机关静音。从来不会在中途接打电话破坏气氛。我们防护措施做得很好，避孕方面他从来都是很小心的。

这是我跟他最大的秘密。他来我家，我甚至都怕邻居看见。我总想着如果有一天我妈知道，肯定骂死我，她不知道得多伤心。

原配：你的房租是他给你掏的吗？

小三：没有！没有！你可千万别认为我是图他的钱和他在一

起的。我不是为了他的钱,也没有其他目的。我自己有工作,能挣钱。他也说过要给我付房租,但我没同意。同意了,总感觉有点目的不纯似的。我们出去吃饭,有时候我也会掏钱,是我执意要掏。我从来没有开口跟他要过什么东西。有些时候,我还会买东西送给他。有一次,我们去开房,他说忘带钱包,于是我付的钱,后来他说要转账给我,我都不好意思。

原配:傻姑娘,将来你会觉得,当初还不如要钱呢,真的!

5

小三:为了我,他哭过,哭着对我说,对不起,什么都给不了你。

原配:所以,你心软了。

小三:嗯。

原配:于是,他哭过之后,继续占有你的青春与时间。你由此而更加懂事,更不给他添麻烦。

6

小三:这样下去很可怕,本该光明正大恋爱的季节,却这样压抑着走过了。青春不会重来,时间不会回头。谁甘心就这样一直下去？永远做一个乖巧懂事、善解人意的人，永远不抱怨，永远不发脾气？

原配：再沉稳的小三，也有失衡的那一天。

小三：是的。暂时看不见，不等于不会来。

当他对我越来越好，我越来越依赖他的时候，忍不住就想要更多。这时，想要更多已经是不可能了，于是怨气出来了，渐渐积压在心中。

我也做过梦，梦着有一天，能和他朝夕相处，想什么时候打电话就打电话，每天问他几点回家，我照顾他饮食起居，一起去见彼此的父母，生个孩子。那只是想想，不切实际，呵呵。

当我开始生病，心情不佳，希望有人陪伴的时候，或者就是贪心来临时，各种考验就扑面而来了。经常会痛哭，会恼羞成怒。人是会特别想一个人的，这个时候，却不能打电话给他。这种情形，就是一种折磨。

长期沉浸在伤心绝望的情绪里，人是会变的。

谁不想把爱人占为己有呢？当我开始希望在他身上得到更多的时候，就是坠入深渊的开始。

我开始想给他打电话。我知道，在他手机里，我的名字，被他改成了我们一个女上司的名字。那个晚上，我忍不住打给他，他接通了，可能你就在旁边，他十分冷漠地说，喂，哪位？我说，你回到家了？他说，对，什么事？

就是"什么事"这三个字，像一盆冰水，把我从头到尾浇透了一遍。

我当时一下子说不出话来。他也没犹豫，马上把电话挂了。

那个晚上，我一夜没睡。

我告诉自己，必须要清醒，不能再陷入了。

后来，我两天没理他，他给我打几十个电话，发短信给我道歉，我还是不理他。

他开车到我楼下，守着不走。我下去，车里几十个烟头了。那时候我就想，他对我还是有真感情的。

他紧紧把我抱住。我又开始贪恋那种美好的感觉了。想离开的感觉瞬间就没了。对得起谁、对不起谁的纠结也烟消云散，只要在一起就好，其他什么都不管了。

那天晚上他在我那儿待到很晚，喝醉了，吐得一塌糊涂。说了好多醉话，说因为我，他变成了一个更好的自己，跟我在一起最轻松最快乐，让他觉得自己年轻了十岁，每一次在一起，都让他感觉生活来劲。他还说，让我想开点，婚姻，是人类给自己定的枷锁，不是结了婚，就失去爱别人的权利，他要誓死捍卫自己的权利，等等。

原配：然后呢？你又被触动了？

小三：我不能不触动，哪怕知道是醉话，也是甜言蜜语啊，怎么听，心里都舒服。虽然上一刻还在为这种感情内疚挣扎，但是扶着一个为自己酩酊大醉的男人，怎么做得到弃他而去？

我说，你今天晚上能不能不走了，陪我过一个整夜。

他拍着桌子，壮士断腕似的说：行！不走了！

当时，我心里真是高兴啊！谁知道，还不到十二点，你突然来电话了，说你父亲生病住院。他一下着急了，马上要走，我当时就崩溃了，央求他多陪我一会儿，但他坚决地走掉了。那一刻，我就知道，一家人，永远是一家人，关键时刻，他想的还是你们。

7

小三：后来，我迷上了一件事情，就是看你的微博。找到你的微博很容易，搜索一下他的小名和你们孩子的小名就行了，因为你的微博里，太多他们的故事了。

明明知道那是件折磨自己的事，但是就是忍不住要去做。

当小三，有一个特点是，听到的往往是一面之词。而你的微博，就是一把锤子，打碎这面镜子。

我习惯性地，每天看你的微博，甚至评论都一条条看，我知道你的工作、你的兴趣爱好、你们孩子成长的细节。

你不爱下厨，都是他下厨。

他每天早晨为你泡一杯蜂蜜水。

每天下班，孩子听见电梯的响动，就会跑到门口迎接他。

他说，跟你已经很少亲热了，但你的微博里说，你们两个一起抱着孩子玩耍，他会突然亲吻一下你的额头，看得孩子呵呵地笑。

还有你出差，他会在机场出发大厅紧紧拥抱你。

每次看到有关他和孩子的内容，或者，他打情骂俏的留言，我都心痛得不能呼吸，但我就是忍不住想要去看。

每个女人都会有意无意地秀幸福，你却不知道，在屏幕的背后，有一个人在流泪。

那一条条微博，对我，真是无情的讽刺。

你们一家去旅行，你发了一张照片。你和他相拥合影，因为冷，你身上披了一件他的衣服，红色的衣服，那件衣服，是我买给他的。我拿着手机，整个人都是僵硬的，真是痛彻心扉。

今天，既然我们坐到了一起，那么，我可以明确地告诉您：我不想上位，取你而代之。

因为我很清楚，早晚，我和他是要分开的。

我只是希望，在能心动、心跳的时候，和这个人爱一场，享受有限的快乐。然后分开。

我和他都探讨过，能多在一起快乐一天是一天。

你可能会觉得我们自私，的确，我们是自私的。

他也知道我早晚要走的，也支持我找男朋友，说只要我开心就好。

我也不愿意他净身出户，40多的男人了，从头开始，怎么面对父母和小孩？我有个朋友，就是转正的，她经常来找我诉苦。

你放心，我会走的，我现在已经觉得没什么意思了。

8

小三：本来我是打算着，和他自然分手。就是，我折磨自己，折磨再折磨，直到再也没有力气承受，然后分开。

后来，我已经快要崩溃了。这时候，特别希望有人能帮助自己，但是这样的事情，能给亲人说吗，能给朋友说吗？翻遍了手机名录，也找不到一个可以倾诉的人。后来，我找到了网络上的小三互助联盟——你可能会笑话这个世界上怎么会有这样的组织，但是，它真的存在。里面都是同样遭遇的人，虽然有很多人喜欢在里面扎堆骂原配发泄压抑的情绪，但是，大多数人，只是为了互相取暖。

我在上面找了一位成功"上位"的姐姐来聊，聊熟以后，我们还见了面。

和她见面的每个情景我都记得很清楚，她说的每一句话，我都听进去了。

她对我说："男人其实是很聪明的动物，他其实很清楚，什么样的女人适合共度余生。小三，不过是生活的调剂而已。"

她说，男人出轨，不仅仅因为婚姻生活太平淡，而是出轨是他的天性。

朝夕相对的日子和激情燃烧的日子，他们同样需要。

现在的社会，还有几个人会礼从道德约束自己？

想想身边的圈子吧，聚会时，是不是经常有男性朋友带着不认识的女孩来吃饭和玩，这些女人大多比他老婆年轻漂亮，小鸟依人，话少。大家对他们的关系都心知肚明，时间久了都习以为常，多年下来，也没见谁离婚的。

大多数小三都有一个误解，认为，男人是想离婚的，只是家里不同意。我想，这可能是男人有意无意给出的信号。实际情况是，女人发现男人出轨了，98%的女人会率先提出离婚，而这个时候，98%的男人都会选择挽留，死也不肯离的。

她说，即便她是那幸运的2%，成功上位了，那个男人仍然没有安安心心跟她过日子。他对前妻带着愧疚，只要前妻有一点不好，就会去看她。因为自己是转正的，又不敢反对。那个房子，一直有前任的痕迹，他还不让重新装修。

她问我：就算你能把他抢过来，你确定做好当后妈的准备了吗？打不得，骂不得，说不得，不管你对他再怎么好，后妈永远是后妈。你在他心里的位置永远比不上亲妈。

等你们真的进入了婚姻，刚开始一两年可能会无比新鲜和幸福，但是越往后，你会越觉得不过如此，顾家的没情趣，爱玩的不顾家，重视朋友多过于重视你，还有一身坏毛病，同时，你还要防着他再次出轨。

就算你们结婚了20年，走出去，也还会有人在背后说你是拆散了别人原来的家庭而上位的。

刚开始,你可能会对他说,我不在乎别人怎么看。

但是过几年,你会说,我为了你,忍受了多少闲言碎语!

所以,"修成正果",真的不是happy ending。

别以为自己的爱多么伟大,多么与众不同。

经历千辛万苦得到的日子,也就那样。

这个姐姐的话,彻底点醒了我。

我突然觉得自己应该变得强大一点。

如果我自己不帮助自己,谁也帮不了我。

我决定采取一些措施,终止这段孽缘。

既然之前的搬家、躲避都不成功,那么现在我能想到的最好的办法,就是闹。

我在公司公开了我们的关系,并且当着同事的面和他吵架。

我还给你发短信,希望你能助我一臂之力。

所以,你不要以为,我给你短信,是为了和你抢男人。其实,我只是希望你能快点把这个男人收回去。

原配:我插一句啊,我没觉得你在跟我抢!你根本就抢不走。不是你跟不跟我抢的问题,他真爱你爱到某种地步,还需要你抢吗?

小三:这一招是很管用。

因为男人都是很自私的,只要一段关系让他感觉不舒服了,他马上就想跑。

一闹,就让他想加速离开。

我这么做,也是彻底断了自己的退路了。

9

原配:嗯,你是个聪明的女人,不会一条道走到黑。

小三:我只是在为自己保留最后一丝尊严,不要耗到最后,再被人甩了。我还年轻,将来还有很多机会。现在,我只需要把这手,血淋淋地给分了。

原配:没那么严重,长在一起的手指头,动动手术也能分开。手术完了,伤疤好了,就跟没疼过一样。

小三:你会告诉他,我们见过面,聊了这么多吗?

原配:不会,不要道歉,不要解释,也不要去证明。既然你已经决定退出了,我不希望看着我的男人,孩子的爸爸,变成一个求饶者。

小三:希望没有给你太多的伤害。

原配:说晚了,已经伤害了。

小三:那我尽快……

原配:是的,姑娘,是得尽快,你知道什么叫青春流逝吗?别把青春白白浪费在一个给你痛苦比快乐多的男人身上,知道吗?女人,发现自己老了,也许就在明天!

小三:那你……知道他出轨了,还要继续和他过下去吗?你们的感情，还会和以前一样吗？

原配：本来这话，你是没有资格问的，但是，因为我要谢谢你，坦诚地给我讲了这么多，提醒我这世界上没有理所当然的幸福。所以，我回答你——两个人，过一辈子，不容易。

如果我们不选择分开，我们的感情就永远不会结束。我和他，已经不是二十几岁的冲动的年轻人了，漫长的婚姻，经历一段又一段的不愉快，是难免的。在波折的一刻来临时，我要做的是调整和面对，而不是马上就想去结束。

小三：你选择妥协？

原配：这不是妥协，是积极地处理。不是没有勇气面对分离，是因为心里还有爱。就如你微博里看到的，那些点滴的幸福，是真实存在的。所以，我的选择，不是咽下苦果、委曲求全，是真的选择原谅。

小三：那他将来继续出轨呢？

原配：日复一日，是婚姻的大敌！谁不想追求美好的感觉呢？如果他在婚外还能找到一份激情和快乐，但对家庭还有一份责任，那就让他快乐吧。大家都往宽了活。想想，爱一个人，不就是希望他过得快乐吗？没什么。就当这样的事件，是婚姻的试金石好了。再说了，他还能闹腾多少年？十年？二十年？

小三：姐姐，你是个大气的女人。

原配：说了，叫我婵儿！

小三：嗯，谢谢你今天来找我，让我更加看清楚一些事情。我最感谢的，是你没有高高在上。

原配：是人，都会犯错，谁不犯错呢？希望你将来，能好好地正儿八经谈个恋爱，找个坚定陪你过终生的人。人终究是需要伴儿的。婚姻中，爱情淡了，还有孩子、亲情可以维系。情人关系，爱情淡了，就很难再续了。将来你要是结了婚，给你一个忠告：接受有瑕疵的婚姻，是每个结婚的人必须要事先想清楚的。

小三：知道了，谢谢你！

10

她们结束了谈话，原配买了单。

门铃吟唥响了一声，她们出去了。

我手里这杯绿茶，已经被喝得淡淡的了。

我起身去收拾桌子，把咖啡杯拿到吧台慢慢冲洗。

这个原配，是我的发小，多年的好友，在经人介绍认识她先生、过上安稳幸福生活之前，她当过两年傻傻的小三，手腕上有一道深红的伤疤，至今还在。

03
没有岁月可以回头

谁不想为自己而活?

1

在生孩子之前,对要不要请月嫂这件事,我纠结了很久。

在网上查的信息,80%都是抱怨的,说月嫂这样不好、那样不好。

后来问了一个很要好的朋友,他给了我一个比较中肯的答案。他说,总能搭把手,也能学到点东西。最大的好处是,多个人说说话。对女人来说,坐月子是最苦闷的时间,能有个人聊聊天,能过得快一些。

听朋友这样说,就决定请了。于是联系了这座城市最大的月嫂公司,她们给我安排了人。

我是换了四个月嫂,才换到竹姐的。

第一个月嫂,看上去很干净,皮肤很白,秀秀气气,就是对宝宝下手太重。她给宝宝做抚触,把小腿儿都捏红了,给孩子做被动操更是动作大得让人心惊胆战。试用期不到，为了自己的心脏，赶紧请她回了。

第二个月嫂，育儿知识丰富，动作麻利，但做饭特别难吃。因为性格过于开朗，所以不拘小节。晚上把宝宝抱过来吃奶，自己顺势就躺在我床上，脚直接就搭在我的枕头旁边……

第三个月嫂，看上去十分憨实，说话带着浓重的甘肃口音。她是个实在人，说刚从家乡收完玉米、忙完农活儿又出来干月嫂。晚上，她照样和其他月嫂一样带着孩子在隔壁的房间睡觉，吃奶时抱过来给我。但是，等孩子吃完了，再喊她，她就怎么也听不见了，睡得太沉，呼声震天。我也不想打扰她，自己带孩子睡了。但是，半夜孩子哭，我起来护理，居然听见她起来关上了房间门，怕吵着她……

第四个月嫂，来的第二天发现她有点咳嗽，一问，才知道刚病过，输了几天液，还没好完……赶紧又给她公司打电话，说，如果再调换不到好的，就不用了。

接着，竹姐来了。

2

竹姐穿着浅色的麻质衣服，笑容可掬，一进门就去洗手。刚好这时宝宝呛奶了，她接过孩子，轻轻翻过来，让宝宝趴在她的腿上,拍了两下搞定,动作麻利又轻巧。我看在眼里,觉得认可。

竹姐来,可真是帮了大忙。她给孩子换尿裤,洗澡,做抚触,逗她,亲她,安慰她,每天带她去晒太阳。自从她来了以后,家里充满了歌声,她给孩子唱好多的儿歌,还会把孩子的名字编进去唱。更重要的是,她用她多年的经验和专业知识将宝宝从一个爱熬夜的小孩调整成了睡整夜的天使宝宝。她的臂膀像是有魔力,能让烦躁的孩子安静下来,乖乖地依靠着她。她是个善良的人,有一次,我和先生吵架,我一个人在房间里哭,她进来了,也红着眼睛。

因为我们相处得很好,所以,月子过了,我请她再多留几个月,她答应了。

相处得越久,我们就越无话不谈。真的如我那个朋友所说,多了个人聊天,多了种乐趣,也多懂了一种人生。

3

竹姐18岁就结婚了。

是村里的干部介绍的。对象是村小学的代课老师,姓唐,比她大七岁。

竹姐说,相亲的第一天,她就看上他了,因为唐老师穿了一件白衬衣,很白很白,看上去很干净。他还带一把吉他来相亲,他们坐在一棵大核桃树下。唐老师弹的是古典曲子,《阿尔罕布拉宫的回忆》,这个名字太长了,她完全记不住,但是知道,好听,真的好听极了!

"就喜欢他是个文化人。"

结婚以后,竹姐把所有的活都大包大揽下来,下地插秧,上山摘花椒,回家做饭,去池塘挑水洗衣服,什么她都能干,大着肚子也能干。她总觉得,让唐老师这样有才华的人去干农活,太屈才了。

唐老师第一次让她失望,是在她临产的时候。

她的羊水都破了,但是,同村的一个年轻人恰好在这个时候跑来说,有个朋友家弄了两盒录像带,黄色的,叫他一起去看。

唐老师这时竟然叫来了他的姐姐,说:"你们先去医院生着,我去看看就来!"

竹姐人年轻,怀孕时老活动,到了医院三下五除二就把孩子生了。

儿子都抱上了,唐老师的录像还没看完。

竹姐抱着娃坐在病床上落泪。唐老师他姐劝她说:"男人都是这样,你不要太往心里去。"

他姐也就是这么一劝,但是这句话,却成了竹姐铭记一辈子的座右铭。

4

养孩子,是一辈子的事。不能退货。

第一个孩子生下来第三天就开始生病。基本上每个星期都要去医院。

孩子不舒服,每天都在大哭。在他刚出生的头几个月,竹姐基本上没有睡超过三小时的觉。

刚开始几天,唐老师还跟他们睡一张床,后来孩子哭闹得厉害,他干脆翻身起来抱着被子去外屋了。从那以后,他就天天睡在外屋。

月子一过,竹姐就背着孩子下地干活了。

孩子的适应能力很强,被背在背上,烈日当头,照样睡得东歪西倒,口水直流。

竹姐做着她认为一个女人应该做的一切事情。给孩子洗尿布的同时,把男人的衣服也洗了。把孩子放在竹筐里,然后把猪喂了。晚上,孩子睡了,她才有时间对自己好一下——洗一个烫烫的热水脚。

有一天,她洗完脚,唐老师把眼睛从书上抬起来,说:"你挺辛苦的,要不,别种地了,我给你整个台球厅吧,守着就行了。"

竹姐高兴地说:"行啊!"

但是那天以后，唐老师再也没提这件事。他好像是忘了。

竹姐盼望着，儿子能快点长大，不用太大，长到两岁多，能上幼儿园就好了。

等儿子到了上幼儿园的年龄，她又怀孕了。

生第二个孩子，她差点送了命。

那时候，农村没有B超，孩子都是硬生。这个孩子太大，老出不来。好不容易出来了，胎盘不出来。竹姐已经开始大出血，性命危在旦夕，幸亏一位助产士当机立断，把手伸了进去，把胎盘硬拽了出来。

竹姐感觉自己已经轻飘飘的了，就像要飞走似的，孩子的哭声又把她拽回了这个人间。她睁开眼，看着小嘴红彤彤的女儿，说："她好漂亮啊！"唐老师就在旁边，伸手轻抚竹姐湿漉漉的头发，说："回头我给你买一个照相机，天天给她照相。"

后来，他也再没提过照相机的事情，他好像也忘了。

5

老二两岁的时候，唐老师得到一个去省城进修的机会。进修回来，就有希望从民办教师转正。

竹姐说："你去吧。两个孩子，我带！"

唐老师一去就是三年,只有假期才回来。

竹姐带着两个孩子,农活是没法做了,就把地包给了别人,自己在街上摆了个小摊儿。

小摊上什么都卖,袜子秋裤,儿童文具,零食饮料。竹姐风吹日晒,全年无休。每天,把孩子喂饱了,她自己就随便吃两个馒头了事,把钱省下来,每月寄三百给远方的唐老师。

"日子就是这样,现在想起来苦,当时真没觉得苦,觉得自然的,应该的,就那么过了。"现在竹姐说。

三年后,唐老师顺利转正了,他们一家搬到了县城。

6

到了县城,孩子们都上小学了。

别看唐老师是老师,孩子们的学习他一点不管。

每天都是竹姐看着孩子们写作业,孩子有什么不懂的,她就带着他们,去找老师。

让她欣慰的是,两个孩子的成绩都还不错。

唐老师的工资不高,一家人四张嘴,她只能白天开洗衣店,晚上摆烧烤摊。

大概有十年的时间,她都是在烧烤摊的油烟中度过的。日复一日,年复一年,她只知道照顾孩子和努力挣钱。每天晚上收摊回到家已经两三点,来不及洗掉身上的油烟,倒头就睡,呼声震天。

"大概有七八年吧,我都没有好好照过镜子,因为没有时间。"

儿子十四岁的时候,和人打架,被打折了胳膊,治疗以后,落下了轻度残疾。竹姐怒了,东奔西走,打官司,终于获赔了一笔钱。

她把这笔钱存好,说将来拿给儿子上大学。

唐老师却说,上大学还早呢,到时候再说。

没过多长时间,他就把那笔钱拿出来买了辆摩托车。

后来,竹姐听说,唐老师骑着摩托车,带着别的女人在公路上兜风。

她问唐老师,唐老师不承认。

直到那个女人的老公找上门来,说你家男人勾引了我家女人!

那个男人气势凌人,要打人的样子,唐老师就躲在卧室里,一点声音都不敢出。竹姐挺身而出,也给那个男人凶回去:"你喊什么喊!喊什么喊!你再在这里喊,明天老娘去你单位喊!说你家女人勾引了我家男人!"

那个男人识趣地退了。

像这样"擦屁股"的事,还有过好几回。

不是没吵过,也不是没打过。但男人就是男人,总是改不了的。为了孩子有一个完整的家,她都忍了。

7

孩子长大，似乎就是一眨眼的事。

不知不觉，老大已经参加完高考，要去念大学了。他报了一个北方的大学，很远很远，他对竹姐说："妈，我考出去了，将来就不打算再回来了。"

老二也念高中了，去了省城的寄宿中学。走的时候，再三交代："爸爸妈妈，你们不要吵架，要好好的哦。"

竹姐和唐老师连连点头。

第二天，他们就又干了一架。

孩子一走，家里空了。

竹姐这才发现，自己已经快40岁了。

真是快呀！

她一下有些无所适从。

再也没有孩子来和他们夫妻俩争床睡了。

他们躺在一起，却各自一边。

两个人，每天，没什么话了。

唐老师面对她，基本像面对一个空气人儿。但是转身去浴室洗澡，却哼起了歌儿，换好衣服，对着镜子照了又照，还收腹挺胸。

竹姐想，哼哼，这没准儿又是去见哪个婆娘呢！

那天晚上，她第一次起了去抓奸的念头。孩子们不在，闲着也是闲着。

她找遍了整个县城，走到唐老师工作的那所中学，发现整幢教学楼，就他的办公室还亮着灯。

她悄悄爬上楼，走到那个门口，听见里面有嬉笑的声音。

"嘭"的一声，她把门掀开。

唐老师正襟危坐在自己的座位上，看着她。办公室里，没有其他人。

"你来干什么？"

"找你耍啊！"她笑嘻嘻地坐在唐老师对面。

唐老师略显镇静地说："这里有什么好耍的，我在写教案呢。"

"噢，那我就待一会儿再回去。"竹姐拿起一支笔在手上转着。

她知道，唐老师的心这会儿正跳得厉害呢。那个女人，就在他的办公桌底下。她能闻到，也能感觉到。只要她愿意，她马上就能走过去，把那个女人揪出来，痛打一顿，或者羞辱一番。

她操控着手里的笔，就像操控着一场一切尽在她掌握的好戏。

办公室里很安静，每个人的气息都很微妙。唐老师的笔在纸上写出沙沙的声音，这个声音不能断，似乎一断，就要出大事。

漫长的时间过后，"啪"一声，竹姐把手中的笔放下，说："我走了。"

那天晚上,唐老师回到家,早早躺到床上。

竹姐背对着他,说:"我明天出去打工了。"

8

竹姐出去打工,才知道,原来这个世界,不只有唐老师,不只有两个孩子。

第一年,在上海,在一家韩国人开的饭馆里。刚开始做服务员,后来负责做泡菜。每天做好多好多的辣白菜,手艺越来越精,后来,还有韩国人专门到后厨来看她,热泪盈眶地说,她做出了他们家乡的味道。

空闲的时候,她喜欢去外滩,看那些灯光,黄浦江边的高楼不断地打出"上海你好",她吹着风,仰起头,淹没在人群中,像一粒快乐的沙子。

第二年,去了深圳,在电子厂里面做原件。工作虽然枯燥,但是挣钱还可以。

她在深圳看见了海。

出来了,竹姐才发现,原来自己还年轻。

她也第一次听见别人说,她很漂亮。

说这话的,是加她QQ的网友,他们看了她空间的照片,都这么说。她出来以后,学会了用手机,上QQ。

工友听说她已经有两个小孩，并且有一个已经念大学了的时候显出吃惊的样子，让她觉得又骄傲又高兴。

每天和一帮年轻女孩住在一起，下班了男女工友约着出去吃烧烤、唱歌，比在家里好玩多了。后来，竹姐还跟他们学会了用微博、微信。

她比以前爱美多了，把头发剪了个刘海儿，还买了粉底液、口红、睫毛膏。尤其是年轻舍友带她去买了一件低胸的背心穿上以后，她第一次发现，原来自己的人生，洗掉了那十几年烧烤摊子的油烟，还是蛮有回头率的哦！

和唐老师，基本不打电话。他不打，她也不打。

儿子去念了大学，隔三差五就打电话来要钱，一会儿要买衣服，一会儿要买电脑。

有几次，她发短信给唐老师说，孩子又要钱了。

唐老师回复："我没钱！你管他那么多，生活费给够了就行了。"

从那以后，儿子要钱，都是她给。

9

在外面过得潇洒愉快，但是她从来没有想过自己有一天会离婚。

毕竟是十几岁就嫁给了的人，是她两个孩子的父亲。

她那时想的是，等他老了，折腾不动了，再回去，一起好好做个老伴儿。

没想到,有一天,唐老师会打电话给她:"你回来一趟,有事。"

这件事就是离婚。

她当然不同意。

唐老师说:"不是真离,是假离。这次分廉价房,只给单身的老师。我们不离咋办?难道一辈子租房子住吗?"

于是竹姐回去了。到家当天,两人就去了民政局办了手续。

从民政局出来,竹姐对唐老师说:"我请你去吃顿饭吧!结婚这么多年了,你从来没有请我吃过馆子。现在离婚了,我请你!"

竹姐根本没有把离婚当回事。她照样和唐老师住在以前的房子里。在家里待了一个星期,她就启程回深圳了。

谁知道刚到深圳,她就接到了唐老师的电话,说他母亲去检查身体,查出了绝症,情况不好。

"你快回来,去照顾妈。"

竹姐又连忙辞了职,往回赶,坐了五十几个小时的火车,又坐了十几个小时的汽车,赶回乡下,照顾唐老师牟边的母亲。

不是所有得了绝症的人,在最后的时间,都如电视里演的那般珍惜和温柔对待亲人的。竹姐的婆婆性格变得十分古怪,竹姐每天照顾她,煮饭给她吃,她却经常骂竹姐。竹姐被骂得直掉眼泪。但是偷偷跑出去哭过之后,她仍然回来好好地照顾老人。这是她应该做的。她是老人的儿媳妇。

让她万万没想到的是，在婆婆去世以后，一切后事安排妥当了，唐老师竟然对她说出了那样的一句话。

在谈到老人去世后，亲戚朋友们送的慰问金该怎么处理时，竹姐的意思是，都存起来，一部分用来还礼，另一部分存给孩子们。唐老师却想把这些钱全部用来买一辆二手汽车。

竹姐说："县城就这么大，有摩托就够了，有什么必要买车？"

唐老师就说了那一句："这个关你什么事？你别忘了，我们是离婚了的！"

这句话，让竹姐寒透了心。

尤其是当她从朋友那里听说，唐老师早就告诉别人，他们已经正式离婚了，将来是不可能复合的，她更是觉得气愤和冰凉。

二十多年的婚姻啊，带大了孩子，送走了老人，他却连任何情分都不讲了。

10

他们正式分家了，竹姐带着仅有的积蓄，又一次离开了。

一个老乡说，跟我去北方打工。

就把她带到了我所在的这座城市。

一下火车站,就被老乡带进了传销组织。经过一番洗脑之后,竹姐所有的钱都被骗了。

西北的冬天,积雪都堆在路边,坚硬似铁。比积雪更冷的,是茫然走在路上的竹姐。

11

天无绝人之路。

一根电线杆上招聘月嫂的广告纸,被她看见了。

她拖着行李,找到了那家月嫂公司。

公司经理看她年龄合适,眼神里透着些阅历,热情地接待了她。

公司其实就是一间三居室,客厅用来接待,其他三间卧室都是高低床,月嫂们下户了,都回来住在这里。竹姐弯下腰把自己的行李箱塞进去的时候,发现那底下,密密麻麻的,全是箱子。

"这是这座城市很吃香的职业。只要你好好干,工资比那些大学生研究生拿得还高!"经理抱着一个塑料娃娃塞到她手里说。

竹姐拿着塑料娃娃开始看电脑视频资料学习、练习。不到一个月,她就上岗了。

12

第一天去上岗之前,经理对竹姐说:"你不要紧张,自信一点,放开去干。别担心去了人家对你不好,你去,照顾的是他们家最宝贵的东西,他们对你好还来不及呢!"

果真是如此。

一般都是从医院开始干起的。

医院里,人真多啊!过道里,都是床位。

孩子一出生,她就进去,照顾产妇和婴儿。现在剖腹产的多,生完了,护士过来压肚子,没有哪个产妇不是发出撕心裂肺的惨叫。竹姐一边紧紧拉着产妇的手,一边看着她身下汩汩冒出的污血,觉得做女人真是受罪啊!每次,她都要红了眼睛。

晚上,一般都睡在病房租的行军床上,孩子有点儿动静就起来。

出院后,回到产妇家里,条件好的,有自己的房间,条件差的,还是睡行军床,或者跟产妇睡一张床。

照顾孩子的吃喝拉撒,给孩子洗澡、抚触,每天给产妇做六顿饭,还要打扫卫生。每天忙得团团转。

月嫂,真的是人间百态的见证者。

不同的家庭,有不同的喜怒哀乐。

小两口之家最简单。

婆婆和妈妈同时在的家庭最麻烦,两个有养孩子经验的女人,都想对月嫂发号施令,听谁的都不合适。

男人们,在月子里都是无所适从的。女人们,都敏感而脆弱。80%的家庭,月子里,男人和女人会大吵一架,这80%中的50%,是因为女人怀疑男人有了外遇。

什么样的怪人都遇得到。

一个产妇,生完孩子,就要求减肥,让竹姐用两块羊肉炖汤给她喝。

还有的,为了身材,不愿意喂奶,宁愿挤来扔了,也不给孩子吃。

婆婆和媳妇的较劲,无时无刻不在发生。

有一次,竹姐听见两口子又打起来了,男的掐着女的脖子问:"他是谁?!他是谁?!"

竹姐心里暗暗想,坏了,不会是女的给男的戴了绿帽?

后来才知道,原来她听见的那个"他",不是"他",而是"她"。男人不满的是,女人称呼他妈为"她"!

还有的婆婆,会吃月嫂的醋。有一次,产妇的公公看竹姐是南方人,不会揪面,就去厨房教了一下。这下可不得了了,产妇的婆婆又哭又闹,要和老伴儿离婚!

不管是什么样的家庭,竹姐都待得下去。因为她内心只有一个信条,那就是:我只管对产妇和孩子好!再怎么难,也就是28天!

事实证明,竹姐的简单和善良,让她顺风顺水。

她很快从初级,做到中级;从中级,做到高级。

月薪从三千,一路升到了九千。

那可是纯纯的工资啊,那一个月,什么生活成本都没有。好多家庭,走的时候,还会送衣服给她。

竹姐看着日渐鼓起来的钱包,真心爱上了这份职业。

13

我问竹姐:"做这份工作,最不好的,是不是没有个人生活?你想嘛,一个月接一个月,都在别人的家里度过,像你这样的高级月嫂,基本上是出了户就直接奔下一家。完全没有私人的生活。你还年轻,难道不想再谈恋爱、不再成家了吗?"

竹姐说:"真心讲,想呢,谁不想呢?实话告诉你吧,在我离婚之前,我在深圳打工的时候,就曾有很多男人追求过我,甚至有比我小的。我后来慢慢发现,大家互相追求,找个伴儿,其实就是为了排遣寂寞而已,到哪里去找那个真心的人?很没有意思的!到了我这把年龄,还是觉得挣钱来得实在。钱让我心里踏实,将来,我干不动了,再找个老伴儿,安安心心度晚年……"

"每个月都不出门,不闷吗?"我问。

"只要心静就可以。"她答。

其实,每一年,也有些零零散散的时间,竹姐说,比如有的家庭突然退订,或者,预产期推后。

这些年，竹姐这些零零散散的时间没有拿去休息，而是去练车，居然马上就要把驾照考出来了。

14

后来是这样的——

竹姐带着她考到的驾照，和这几年挣到的几十万回家了。

她用这笔钱，买了一套县城中心的房子。

她比以前瘦而精神了，穿着城里家庭送她的名牌衣服，开了一辆车，去参加了唐老师的二婚婚礼。

她挺直了腰背，面带微笑，连唐老师都没认出她来。

她拿了一个大红包给礼台，并且签下了自己的名字。

在酒席上，她听说，尽管离了婚，唐老师那套廉租房，最终还是没有分下来。

04
说前女友坏话

女人这种生物，
有时候真的很让人匪夷所思。

"分了？"

"分了！"

老林约我喝酒，坐下来我就知道是为啥。

"不是挺好的吗？人家姑娘。"我说。

"好什么好，东北女汉子！朝阳区大流氓！在家老爱趴我耳边说：'我其实是个男人，你妹看出来吧？！'我只要弯腰捡个什么东西，立马跑过来抱着我的屁股说要干我。"

"……"我端着酒，一下子不知道该怎么应对。

"你见没见过这种女的？"老林把酒给我满上，"在外的时候，动不动就娇滴滴地，把矿泉水瓶了递给我让我帮她拧开。回到家，该换水了，抱起那么大的矿泉水桶，'咚'地就给怼上去了！换灯泡，挪家具，这些事根本不在话下，墙裂缝了，买腻子回来分分钟给它补好，刷漆这种事，对她都不算难！有一次，洗手池堵了，我嫌堵在管道里那些头发丝和污垢恶心，说第二天找物业来通吧。人家倒好，二话不说，撩起袖子就蹲下去拧开管道，用双手抠出污物，几分钟就搞畅通了。"

"嗯，一个女人这么能干，要你来干什么？"我说。

"干什么？当牛做马，说好听的给她听，给她当花匠呗！我就没见过这么能把花养死的人，任何植物到了她的手里都倒了霉了。偏偏她又爱个绿色，看见路边卖花花草草的就走不动道，见到了就必然要抱一盆回来，我最恨路边那种摆地摊的老太太，好好卖自己纳的鞋垫子得了，干吗还要顺带捡两个酸奶盒子，挖两棵草种里头，卖五块钱一盆儿？好嘛，你去我家看，窗台上那一溜，全是酸奶盆栽。买回来了，浇水、施肥全是我的事了。她自己养死了，叹口气：'生命啊！'拿出去扔了就是。我要是养死了一棵，那个义愤填膺，眼睛都能喷出火来——'这可是生命啊！'"

"但是，喜欢植物的人，都是热爱的生活的人啊！"

"你说得没错，是很热爱，是极其变态的热爱！自从她搬过来以后，就霸占了我70%的衣柜。还特别热衷于给我买内裤和袜子，你说我一个男人，有必要一个星期穿七种颜色的袜子吗？还有，对生活极其热爱的人，无一例外，都特别能吃！

"这个城市的路标，对她来说，就是一个又一个好吃的地方构成的。'交道口？哦，就是那个湘菜馆白米粒那附近吗？''三里屯那个好吃的汉堡店的附近，有一家书店。''电影学院啊……你记得我们吃螺蛳粉那个地方吗？那条河对面就是！'

"我俩去饭馆点东西,一般都是一个大份、一个小份,服务员上来之后,我们再默契地对调一下。

"外面有四十度,她要吃火锅,冰天雪地,能一气儿吃三个冰淇淋。

"跟她出去吃饭,要提前把手机充好电,基本都是我先吃完,开始玩手机,刷完微信,两个游戏打通关,她才把自己面前和我剩下的吃完,满意地说:'好了!走吧,去买杯果汁喝!'她要是哪天胃口不好了,我就会特别紧张,哇嚓,出什么事了,怎么不吃了?"

"爱吃的人都爱做饭,那你也有福了。"

"有什么福啊!你可不知道,她的确是爱做饭,但是厨艺,仅仅在分得清胡椒和花椒,盐和白糖的级别,人家呢,偏偏还特别热衷于制作和发明,我老说她'心想菜成',咋想咋做,奥利奥炒饭你吃过没?可乐鸡翅放醒目,能想象吗?做出来都绿了,还说反正都是碳酸饮料……总而言之,她做过饭的厨房,就像被原子弹轰炸过一样,我老说她烧不好菜,烧得一手好厨房。"

我十分同情地看着他:"那分手了,你家厨房正好也可以装修装修了。"

"不只厨房,"他凄惨地摇摇头,"客厅和卧室那些挂画框的钉子眼，都得补。这家伙来的时候，到处打眼给我挂画，人要走，画全摘了，一个不给我留下……"

"她为啥走啊？你俩老爱吵架吗？"

"没有啊！我不爱跟她吵架，因为根本吵不赢，你跟他讲道理，她跟你扯事实，你跟她摆事实，她跟你讲道理，你跟她摆事实、讲道理，她怒了，拍桌子：'你这是什么态度？！！！'无数次，我就是正常说话，稍微提高了一点点音调，她就说我吼她。当我真的吼她的时候，她就哭着说我要打她了……说起哭，她还爱哭，特别爱哭！参加婚礼，没有不哭的，路过人家的婚礼现场，去看了一眼，她也哭。朋友来了，哭，走了，哭。看中央台那个《等着我》，从头哭到尾！一吵架，那个泪如泉涌，发自肺腑，伤心透彻……哭得差不多了，晚上该睡觉睡觉，躺下去分分钟睡着。"

说到这里，老林扯着脖子喊了两声：老板，加两个大腰子，再来三瓶啤酒。

脖子缩回来，继续说：唉！分了！真想不到我们真的分了……我真的想不通，这两年我是怎么忍受下来的，女人这个东西，有时候真的很让人匪夷所思：她有个笔记本，基本上就是上网，看美剧和QQ聊天的功能。手机也差不多，多了个美图秀秀而已。然后还对我说，不行了，还得换个配置高点的。我说你不就是看个《甄嬛传》嘛，什么样的配置看不了？她不高兴了，伸手就是一拳，差点让我骨折。女人爱看《甄嬛传》，我也特别难理解，好歹也是个高学历、高智商的知识女性，怎么就喜欢那种我看上三分钟就想溜的、斗来斗去的电视剧呢？她自己看到凌晨也就罢了，还要逼着我跟她一起看，为了考验我是不是应付她，是不是认真地看了，有一天还出了一套'甄嬛传六级考题'要我回答，题目简直能让人疯：华妃说过的、被观众流传最广的那句'贱人就是矫情'，说的是谁？安陵容是怎么发现温太医和眉庄的私情的？我的个天！我怎么知道？这个电视剧，看来看去我只知道眉庄是这个剧里长得最好看的！！"

我哈哈笑着接过两串刚从火炉上下来、嗞嗞作响的大腰子，递了一串给老林："说了这么多，难道人家就没点优点？"

"优点？有啊！漂亮！聪明！工作上，别人说个啥，她都能吸收精华成为我用。尤其懂得吸取经验，有不懂的敢厚着脸皮去请教……有毅力，在我们认识之前，成功减掉20斤体重——能成功减肥的人你知道有多可怕吗？还有什么能难倒她？还有就是独立，我们出国旅游，签证、机票、酒店、接送机、司机、导游、吃饭、购物，她一个人全搞得定。但是，你能想象吗？那么能干的一个女的，竟然自己开车不认路！我听她说，当年考驾照的时候，因为把几个教练的车都练坏了，差点被驾校除名。开上车以后，由于我的纵容，养成了一上路就要让副驾驶当导航的毛病。我就没见过这种路痴,从安贞桥开到中关村,你要是不指点好了,她能给你开到呼和浩特去。"

"唉!你看看你,说着说着又说到毛病上去了。"我摇摇头。

"那是因为她的毛病太多了,简直罄竹难书呀!"
老林开始掰起了手指头,
"东西乱扔。
挤牙膏从中间挤。
睡觉打呼噜。
说梦话。
怕痒痒,特没劲,一挠她逗着玩,没两下就跟我急了。
根本不懂什么叫贤良淑德。爱欺负老实人。给我取各种难听的外号。说话刻薄,我放个屁,她有一百个形容词在后面等着笑话我。
特别爱听好听的,谁夸一句,笑成一朵花了。
唱歌特别难听,还不让人说。
啥事都想得可好,从来没有危机意识。
记性特别差,老爱问我:'上次咱俩为啥吵来着?'
仗着自己年轻,从来不化妆,偶尔化一次,那水平能吓死人。有一天,打了个红红的腮红就出去了,回来怪我没提醒她,说她同事见到她第一眼就问她:'你被谁打了?'
特别没有爱心,有一次我喝醉了酒,摔了个狗啃泥,她第一件事不是来扶我,而是拿出手机拍照。"

"还有吗?"

"还有啊!多了去了!

不会理财,永远不知道自己钱包里有多少钱。有一次,她打车去一个地方,到了,发现包里没钱,打电话叫我给她送钱去。后来,我帮她把那天穿的牛仔裤扔洗衣机,发现裤兜里装着三百块钱。

不会过,又啥事都想着省钱。买个机票,货比10家,她能挑出比最低价还便宜十块,还带送机服务的那家来。看电影,从来都安排星期二,或者早场打折的时候去看。特别贪小便宜,住酒店,不管能不能升级房间,都要先问一句,一般情况下,都能得到肯定的答复。买衣服,去逛了半天,记下了品牌和号,网上买。把钱省下来了,一口气,买了好几百块钱的面膜!

特别怕死。我们在海上浮潜,到了海沟边上,海水一下深不可测,她吓坏了,说,咱们回吧。我说行,等我抬头,她已经啪啪啪啪,游到岸边了。

有个话叫'记性好,忘性大',她就是这种的典型——经常出了门,走到了小区门口,又要返回家里看门是否锁好了。这种情况,回去以后,99%都是锁好了的。

还特别爱较真,有一次,她在小区门口为一个骑电动车的小姑娘拉着门,小姑娘过去的时候看也没看她一眼,更别说谢谢了。这下她急了，一声怒吼：'站住！'把姑娘吓了一跳。她追上去问人家：'会说谢谢吗？有家教吗？'把小姑娘脸都说红了。

做事极其没有效率，前年说给我织个围巾，到目前为止，才只有二十公分长。

选择困难症。买袜子，在红色和白色，花色还是条纹之间，能选上一个下午。

见了我朋友，第一次见面，总会给些小礼物。个个都夸她。这叫啥？心机女啊！

还有我最最无法忍受的，凡事都爱凑个热闹，我喜欢看球，是曼联的铁杆球迷。她呢，完全就是个球痴。世界杯的时候，人家专门去买了一套曼联的红色套装，兴奋地挂了个口哨，说要陪我嗨。看了好几场，很疑惑地问我：'怎么还没有曼联队出场？'我……"

听到这里，我觉得有必要打断他了："说了这么多，那到底什么毛病导致了你们分手？"

老林把手中的酒杯放下，认真地总结说："直觉，可怕的直觉。她总能准确判断出我是不是撒谎了。

前几天，我的初恋来北京了，约我吃个饭，我怕她多心，就说跟同事吃饭去了。

回来就跟我急了，她是怎么知道我没有和同事吃饭的？这事我到现在都百思不得其解。有时候我都怀疑她是不是在我身上安装了

GPS？"

"然后呢？"

"然后就分手了呗，她说接受不了两个人对彼此不诚实，我呢，也是受够了，这样的女人我也受够了……哎，你等等啊，你看，我说她直觉强吧，肯定知道我在说她坏话！她给我来电话了……我得去那边接一下，看一看她是不是痛定思痛，幡然醒悟，想跟我复合呢。你先吃着喝着，我一会儿就回来。"

05
如果可以重新选择

生活没有橡皮擦。

1

如果可以重新选择,小青一定不会选择刘先生。

如果还可以重新选择的话,她更不会在当了小三之后,嫁给他。

2

她曾经做梦都想嫁给他。梦里那件婚纱,长长的摆尾,闪闪发光。

但是,当她听说他们去办离婚手续之后,心里却慌了。

从他老婆知道他们的事情,到离婚,不到半个月。

他从来没说过他老婆的坏话,一直说她是个善良贤惠的好女人。

他们是初恋。从大学就开始恋爱,毕业后,她放弃了回老家,陪他留在了这座城市。结婚,生孩子。她什么都依赖他,家里电卡放哪里,煤气费去哪里交,她都不知道。

所以,当她知道出轨的事情,当天晚上就割腕自杀了。

差点没抢救过来,把他吓得魂飞魄散。

倔强的女人,醒过来后,第一句话就是离婚。

谁说都不管用了,劝多久都是沉默,沉默完了,还是那两个字,离婚!

说真的,刚开始,她也有点慌,想着网络上那些原配去单位闹、被原配堵在路上的各种情景。她做好了充足的挨打准备。真没想到,等来的,却是离婚的消息。

那段时间刘先生焦虑憔悴。

如果他老婆不发现,他和大多数的男人一样,是希望两个都要的。

小青和他在一起,不知不觉已经两年了。

这两年,因为是偷欢,所以每一天都像是最后一天一样,过得刺激又快乐。该撕的撕了,该滚的滚了,越做越爱,不能自拔。时间嗖嗖就过去了。

她没有想过要拆散他的家庭,他也对她说,如果遇到好的男人,就分手。但是,她哪里舍得呢?爱上了一个人,真的没有办法说再去遇见更好的了。

3

是怎么东窗事发的呢?

刘先生带她去参加朋友的聚会,他很爱带她去见他的朋友,她穿得漂漂亮亮的,乖巧地陪在他身边,刘先生觉得很有面子,大家都礼貌而客气地对待她。但是那天,刘先生的一个朋友带了自己的老婆,他老婆一看就知道是怎么回事,一直拿轻蔑、鄙夷、仇恨的目光看着她。回去以后她就给刘先生老婆打电话了。然后刘先生老婆就问他,他也没隐瞒,就承认了。

刘先生拿离婚证给她看,她都傻了。

没想到,会这么容易。

按理说,看到这一纸证书,心里涌起的应该是希望。

为什么全是内疚和迷茫?

这是真的吗?

他会娶我吗?

我拿得出勇气嫁给他吗?

净身出户。他说。

嗯。这倒不可怕,她心里想。

她弱弱地问了一句,孩子归谁呢?

归她妈了。

她心里松了一口气。

4

以前，她最大的愿望就是他能在她那里度过一个整夜，好在他的怀里安睡一夜。

离完婚以后，他终于可以在她那里过夜，抱着她睡，她却感觉有点喘不过气来。

他迷迷糊糊地对她说："我现在，一无所有了，你可不能再离开我，你要嫁给我。"

她真的很慌，不知道该怎么办。

过去她以为这段隐秘的爱情，一定会以某种方式悄悄地结束。现在情况发生了改变。

难道真的要在23岁就把自己嫁出去吗？真的做好当后妈的准备了吗？别人会怎么看我？

更重要的是，父母知道了会同意吗？

她也是家里的独生女，父母的掌上明珠。妈妈要是知道了她做了第三者，不知道该多么生气……

各种各样的顾虑，最终被一件事彻底推翻。

她怀孕了。

父母痛心疾首，劝她回头。

小青信誓旦旦地说："我不会后悔的，你们放心吧，肯定不会。"

双亲只好同意。

妈妈说："虽然你嫁的是二婚，但是爸爸妈妈的嫁妆一样不少你的。"

爸爸说："如果他对你不好，你随时回来，家里养得起你和孩子。"

小青眼泪奔涌而出。

5

结婚前，刘先生找小青谈了一次："宝宝，我几件事得先跟你说说。第一，将来，日子肯定没有现在宽裕，我净身出户，房子、车子、钱都给她了。

"第二，将来会辛苦，因为又要从零开始，我要更加努力地工作。所以，陪你的时间会比以前少了。

"第三，在挣到钱买新房子之前，我们得住到我父母那里去，和老人住在一起，刚开始可能会不习惯，但慢慢就会适应的。

"第四，我们这边的风俗，二婚，是不给女方彩礼的。希望你能给你爸妈解释清楚。

"第五，她虽然和我离了，但她仍是我孩子的母亲，不可能将来再也不见。我们协议里说好的,每周有两天,我得去陪孩子。以后她要有事,需要我帮忙,我得帮,你得接受。"

"你得接受"这四个字不容商量,让小青心里很不舒服。但是她又想,没错啊,不接受又能怎样呢?

她答复:"你说的,我都接受,但我也要和你商量,我要一场婚礼。彩礼什么的,都可以不要,我可以跟你住到你父母那里去,但是,我父母也养了我许多年,曾经希望风风光光地把我嫁出去,现在我不能实现他们这样的愿望,但至少也得有一个婚礼吧?"

6

谁知道这场婚礼办得,还不如没有呢!

小青曾经幻想的,是一个五星级的酒店,最好在户外,鲜花簇拥,长长的红毯,四五对儿伴娘伴郎。现实是,一个中型的酒店,没有红毯,没有鲜花,没有伴娘伴郎,简单地在舞台上贴了大喜字,摆了一个香槟塔、两台泡泡机。司仪在台子上把该念的台词念完以后,说了一句:"下面,我为大家献歌一曲。"就把现场当卡拉OK,自嗨起来。

刘家亲戚在背后碰头议论纷纷,看着她,不知道在说些什么。

她微笑着,却在想,刘先生的第一次婚礼,是什么样的?

最让小青觉得难以接受的,是她的父母和几位至亲山高水远地从外地赶来了,进了酒店,却发现宴席订少了一桌。观完礼,本来留给小青家人的那一桌饭菜,被一帮熊亲戚占据了,推杯换盏,吃得正欢呢。

现场十分尴尬。

也不能让人起身啊。

刘先生当机立断,让他弟弟到隔壁的酒店订了一桌,请岳父岳母到那边就席。

这叫什么事儿啊!

小青脸都快挂不住了。

小青妈会察言观色,赶紧把她拉到一边,教育了一番说:"将来你们过日子,不顺心的、意料之外的事情还多着呢。要学会调节自己的情绪,要学会顺其自然,不要较劲。还有,他妈妈看着不好对付,你只管尊重和孝顺,受了委屈,要学会忍耐和容纳,切不可像在家里那样,随便发脾气。"

她们一边说话,一边看向那边,刘先生的妈妈,此刻正忙着呢。

酒席还没结束,婆婆就挨桌去问人家白酒喝不喝。不喝的话,她就收走了。

小青妈说:"你看,这叫会过日子,虽然待客不太周到,但是在帮你们节省,你心里应该感激。"

谁知道,第二天,婆婆就把那些酒全部抱去卖了。卖来的钱自己收了起来。

7

他们住进刘先生父母房子的第一天,就被婆婆叫到一起:"说清楚了,你们不用交房租,但是所有的米、面、油、菜、肉、水、电、天然气、物业费、暖气费,都由你们来出。还有,这个家,我管钱。既然住在了一起,那家里所有的开支,都要从我这里走,你们把工资卡都交给我。还有,婚礼收到的红包,也得拿过来,我给你们存上。"

刘先生把礼金都上交以后,小青不情愿地把她父母给的红包也递给了婆婆。婆婆接过来,用手捏了一下,大概厚度让她不满意,直接当面就扔一边去了。

从此,小青做媳妇儿的日子就开始了。
一切,和她憧憬的,太不一样了。

公公婆婆说当地的方言,她不是很听得懂,他们嗓门很大,讲话让人听了常常莫名的焦躁和心烦。

婆婆洗衣服,从来只把刘先生的挑出来洗,小青的她不管。

小青在网上买衣服,东西一到,就被骂败家。她再也不敢买了。

饮食习惯也不同,他家很少吃米饭,基本上不做汤,这让小青这个南方人很不适应。婆婆生活上安排得十分节俭。她去买菜,什么便宜,就买什么,经常买些开始腐烂的水果回来吃。有一次在街上遇见卖特价死鱼的,买回来好多条,顿顿吃。小青怀孕着呢,闻了鱼就想吐。但是,能吃到鱼,就算好的了,为了胎儿的营养,还得硬吃。

刘先生在家,婆婆就做一大桌子菜,刘先生出差了,就天天吃挂面。

刚嫁过去的时候,小青就已经从饭桌上的菜的位置知道了自己在这个家的地位,好吃的菜,肉啊,鱼啊,全摆在两个儿子面前。自己面前,就是咸菜和汤。

8

嫁过去不知不觉已经半年了,小青的肚子慢慢鼓了起来。

到了她过生日那天,她想,以前过生日,老刘总是带着她吃大餐、看电影,还送她贵重的生日礼物。现在自己怀着孩子,不知道会收到什么样的礼物呢?

刘先生这次没给买包包,只是买了一套化妆品和一个彩虹蛋糕。

婆婆看见了,直接把化妆品拿回自己房间了。

小青追过去:"妈,这是老刘买给我的。"

"你现在怀孕着呢,用什么化妆品!"婆婆一句话就给她堵回来了。

小青只好退了回来,婆婆还在身后念念叨叨:"我这柜子上的化妆品,都是我以前那个儿媳妇买的……"

小青最不愿意听见的话,就是这个了。真的,在这个家,吃得好坏无所谓,只要婆婆不要经常对公公和亲戚朋友念叨,要是儿子没有离婚就好了,她以前那个媳妇儿多好多好。"连个子都比现在这个媳妇儿高,将来她生的孩子,肯定个子也随她,矮……"

这心里,真不是个滋味。

9

婆婆爱玩手机,最喜欢半躺在沙发上,脚搭在茶几上,斗地主。
她最喜欢对小青说:"做饭去,就当锻炼了。","多动动啊,将来生得快。","拖完地把桌子擦了,再去把窗户都擦擦,运动运动对孩子好!"

刘先生弟弟和他女朋友来了,在房间里打电脑游戏,不上桌吃饭。小青给送过去,他们吃完了,她还得去把碗收过来洗了。
小青真觉得委屈。
原来一心想嫁给刘先生,过幸福的日子。
没想嫁过来,伺候你们全家来了。
想想自己原来在家,什么活都不用干的。

10

关于月子里谁来照顾孩子，婆婆说："月子里孩子可不好带了，要不叫你妈妈过来吧！"

小青说："我妈还没退休，走不了。要不请个月嫂吧！"

于是一起去看月嫂。

一看价位，最低6000起，婆婆脸色马上就不好看。她坚决不让请，说："太贵了！其实月子里的孩子好带着呢，犯不着花这个钱……"

一天之内，好带不好带都被她说了。

刘先生的车给了前妻，每次去产检只能打车。没办法呀，大冬天的，风沙也大。小青觉得这是再正常不过的事了。没想到，有一天，婆婆在她口袋里发现了一张出租车车票，不得了了，大闹起来，说她浪费，不会过日子，那么点儿路还要打车。

刘先生这时帮小青说了一句："妈，打20块钱的车，打不穷咱家。再说，小青不是还怀着孕吗？"

婆婆说："怀孕，就她会怀孕吗？你妈我当年怀着你，还上班到9个月，还走二里地的山路呢！再说了，她怎么就那么金贵，动不动就去检查，有什么好检查的，我们那个时候，没有B超，啥检查也没有，到时间去生，不也生出那么多人来了？娇气！"

婆婆拿过她的产检报告单。

看到上面写着"胎盘位置低"。

第一句话就是:"你以前打过多少次胎?"

为了这句话,小青把自己关在屋里哭了一下午。

她给刘先生打电话。刘先生说:"你跟一个老人计较什么?"

小青这才想起,他已经很久很久没像过去那样,叫她"宝宝"了!

那时候,他们有机会就腻在一起,"宝宝宝宝""亲爱的",窝在沙发上,看电影,乐个不停,出去唱K,一起做饭吃。结婚之后,这些事情就很少了。有时候小青建议说,看个电影吧,他总说,没啥好看的,然后就把她撂一边了。

11

"有那么疼吗?忍一忍。"生孩子的阵痛来了,婆婆这样说。

小青央求医生,说:"给我剖吧,受不了了!"

刘先生连连点头。

婆婆却先拦着,问医生剖腹要多少钱。

婆婆要小青一定坚持顺产,不然不好要二胎。

小青疼得死去活来,最后孩子还是下不来,推去剖了。

出了手术室回到病房,就听见婆婆对着窗子念叨:"现在的年轻人,真吃不了苦,才六斤二两居然生不下来。"

刚剖完孩子几个小时。刘先生推孩子去打预防针了。
大夫让打点儿水给小青擦下腿。
婆婆竟然去打了一盆冷水来给她擦。
"妈,没有热水吗?"
"热水被打光了,再烧好不知道得等多久。"
小青眼泪都快出来了,心想,如果此刻眼前的是自己的妈妈,会怎么样呢?

第二天,医生让小青扶着床下地走走,伤口疼得厉害,每迈出一小步都疼得掉泪。
婆婆说:"有那么夸张吗?我们那时候,生完孩子就下地走回家了。"

12

月子里,真的非常辛苦。
小青就没睡过超过三个小时的囫囵觉。
没有人帮忙,孩子哭,婆婆就当没听见。
她就住在房间对面。

小青就想，毕竟是自己的亲孙子，哭这么大声，都没有感觉吗，都一点不关心吗？

月子里，小青还得打扫卫生。干一点儿活，腿都是软的。
每天，婆婆说："饭给你放桌上了啊，我去打麻将了。"
小青到餐桌跟前一看，剩菜，凉粥，咸鸭蛋，没一样是月子里能吃的。
生完孩子，虚得很，动不动就一身汗水。有一天，婆婆竟然开了空调。一吹，很快就感冒发烧了，吃了抗生素，不能给孩子喂奶。
小孩饿得哇哇大叫，婆婆把孩子抱过去，说："不吃你妈那破奶！吃奶奶的。"
然后她做了一个让小青大跌眼镜的举动。她把自己奶头，塞给了孩子。
小青说："妈……"
婆婆却因为自己的恶作剧而开心不已。

有了孩子以后，小青感觉自己就像生活在一个公共场合。
他们的卧房，过去，公公婆婆还知道敲个门再进来，有了孩子以后，直接就推门而入。
有一次，小青正在喂奶，公公就进来了。
小青和老刘商量要锁门。
老刘说："算了，锁了他们会多心的。"

有一天，睡到半夜，小青突然惊醒了。

婆婆正悄无声息地站在床边看宝宝，把她吓了一跳。

不能给孩子用尿不湿；不能给孩子吃安抚奶嘴儿；要给孩子绑腿儿；直接把苹果嚼碎了给孩子吃；生怕把孩子冷着，每天都穿得很厚，捂出一身痱子，孩子痒得直叫唤……

小青看着孩子受罪，眼泪直掉。

生气，忍着。

要么就跟老刘告状。婆婆也去老刘那告状。

老刘对他妈说："你们再这样闹下去，她要得产后抑郁了。"

婆婆说："爱抑郁不抑郁！就她矫情！"

13

老刘的前妻，是个聪明的女人。

表面上看，是她把老刘抢了过来，前妻选择了退出。

而实际上，这个女人，无时无刻不在报复着她。

基本上每天，她都会给老刘打一个电话，说孩子每天的情况。有时候，小青能听见电话里的声音。感觉她说话的语气，就是那种和老公、孩子的爸爸说话的语气——平静，理所当然。这让她心里很不舒服。

每个周六,他要去看孩子了,他前妻就会在电话里问:"你中午吃什么?我去买菜。"

小青听了心里真是酸翻天了。

到底和谁是一家人,现在?

小青终于出了月子,好想去看场电影,和老刘约好了时间,却突然去不了了。他前岳父生病了,要做手术,他要去找医院的熟人安排一下。

不但去安排,晚上还要去陪护。因为前岳母要在家带孩子睡觉,前妻出差了。

小青爆发了:"你离婚了吗?我怎么觉得你还跟她过着呢?"

老刘理直气壮:"我结婚前不就跟你说好了吗?别无理取闹了。"

小青气得话都说不出来。她冲动之下,推门而去,一个人在街上溜达。以为他会打电话。没打。要是以前,她生气了,他是一定会不断来哄她的。

真是不一样啊,一个男人在婚前和婚后的变化。

以前"宝宝宝宝"地叫,动不动起腻,搂抱,亲吻,摸摸脸,蹭来蹭去,捏来捏去。婚后,都没有了。女人,总是为了爱情而不顾一切,后来的后来,她才发现,原来爱情,并不是生活的全部。苦水只能自己咽下去。

她溜达到一所大学,门口的烧烤摊上,几个年轻的女孩子在一起聚会,喝酒畅聊,笑声传过来,让她想起以前的点滴。

那时候虽然工资不高,但是也够花了,空了去美美容,跟朋友出去喝咖啡,吃甜点,去健身房锻炼身体。现在,连做个面膜的时间都没有了,身上是油烟味。生完孩子,肚腩减不下去,也没有时间去跟朋友聚会了。自己才24岁呀!

她想到了过去的朋友,拿出手机想打个电话给她们,拿出来了,她又放了下去。

她想给自己的妈妈打个电话,又怕她听出自己哭了而担心,算了。

婚后,每次和家人通话,为了不让父母生气担心,她把所有的委屈、不愉快都隐瞒了。每次都说自己很好,更不敢说,你们当年,反对得对啊。深深觉得,自己错了。

只是人生很多时候,是不可以重选的。

然后她溜达到一个广场发呆,看着好多老太太在那里跳舞。仿佛看到自己多年的媳妇熬到婆,将来也是到这里来跳舞。

她深深觉得自己败给了时间和婚姻,败给了生活的点点滴滴。

晃了一天,没钱,没地方去,只好在凌晨,自己回家了。

推门而入。他们都睡了。

没人等她。

14

孩子一岁了。

小青疲惫不堪,蓬头垢面,镜子里已经认不出自己了。

小青的妈妈给小青打了一个电话。她知道,小青过得一定不太好。

小青还嘴犟,说:"我挺好的呀!"

妈妈说:"你就别骗我了。"

小青眼泪流下来。

妈妈说:"老刘现在压力大,自然顾不上你,你要自己强大起来。首先你们要搬出去住,远香近臭……"

小青说:"出去住要租房子,现在外面的房租可贵了,我现在又没工作……"

"没工作就出去找工作啊。"

"孩子怎么办?"

"你老家有个堂姐,想来城里找工作,可以请她来帮你看,你付保姆工资给她。"

"……"

"你必须迈出这一步,念了这么多年书,难道永远就做家庭主妇了吗？妈妈虽然也可以给你房租，帮你看孩子，但是，自己的努力，比任何人的帮助都更重要。你只有做好了这一切，才能得到你婆婆的尊重。虽然现在感觉各种不确定的东西太多，过程可能也会不舒服。但是，将来你会感谢自己做出了这一步选择的。"

15

小青回家就跟老刘商量要出去工作的事。

老刘是没意见的。

跟婆婆商量，马上就遭到了反对。儿子回来了，她马上就一把鼻涕一把眼泪地说，小青把孩子带大了，不愿意和他们一起生活了。

"吃我们的，住我们的，还要嫌弃我们……"

"妈，你是觉得我们搬出去了，没人给你工资，没人给你做饭、打扫卫生了吧？"小青直接说。

婆婆停住了眼泪。这一年多来，她第一次听见小青这样说话。

"你看你，找的是什么媳妇！"她拿出了必杀技，躺在地上开始号哭开了，"你要嫌我是老不死的，你干吗要破坏我儿子的婚姻，嫁给我儿子？你去找个父母双亡的啊！"

说得特别难听。还让小青根本无法接下茬。

老刘脸色也非常难看。

小青说："不管你们同不同意，这个家，我是搬定了，工作我也是找定了!"

婆婆说:"你去!你滚!孩子留下。"

小青冷笑一声:"留下就留下。"

她推门而去。

她心里知道,这是一场关键的战争。她要承受的,是失去孩子的风险,但她必须冒这个险,必须忍受暂时和孩子分开的痛苦。绝不妥协!

为的是,在这个家里,赢得一份尊重。

16

她住到了闺蜜家,开始四处找工作。

闺蜜借了钱给她,同时也在找房子。

老刘知道她心意已定,也不愿意再面对婆媳矛盾,对她持支持态度。

就是每天想孩子,想得发疯。

但她咬着牙,就是不给家里打一个电话。

婆婆让她滚,她就滚。

她现在要等待的是,婆婆给她打电话,让她回,把孩子带走。

她知道,婆婆带不了孩子的。

一个刚学会走路的小孩,还不会自己穿衣服,需要换尿裤,每天要吃好几顿,看到什么新鲜的东西都要去碰一碰、玩一玩,稍不顺心就要哼唧甚至大哭。这哪里是一个天天打麻将的老太太能够应付得过来的。

这是场拉锯战,是场逆袭,她必须狠得下心。

开始,她心里有点慌。

她也没底。万一婆婆犟起来,真的一个人应付下来,就不让她看孩子怎么办?

每天,她都想孩子。心里像有千万只小蚂蚁在咬啮。

好几次,她都拿起电话,准备拨过去,道歉,认输。

但最终,她还是咬牙放下了。

婆婆再凶,她也是疼自己的亲孙子的。她再怎么对媳妇儿不好,也是不愿意让孙子没有母亲的。她这样对自己说。这是她心里坚定的底线。

果然,在她找到了工作,并在公司附近租到房子之后,接到了婆婆的电话。

"你的孩子还真的不要了?"婆婆在电话里用开玩笑的语气说。

小青知道,没白坚持,有些东西,已经开始发生改变。

17

接下来,她要改变的,是自己。

每天努力工作，不管挣多挣少，总能支持点家用。这让老刘的压力能小很多。老刘轻松些，自然对她也更关心一些。

还有如何对待他的前妻和孩子，她努力说服自己，不要嫉妒，应该这么想，他还对前妻和孩子好，说明他是一个有责任心的男人。

她说："老刘，你也可以把孩子带回来，让两个孩子一起玩。"

老刘看了她一眼，笑着拍了拍她的肩。

06

女人一定要有钱

一个女人,如果穷,如果自卑,
就会迎合和容易被收买,容易被坏人用物质打动。
但是,如果你自己有了钱,有了底气,
就会有更大的勇气,去追求自己想要的生活。
没有钱,也可以谈理想,
但有了钱,理想会更近一点。

1

小时候,叶子问过爸爸一个问题:"爸爸,你和妈妈为什么老吵架?"

爸爸说:"因为我们家没钱。"

这个答案,叶子记了一辈子。

在她童年的记忆里,母亲确实很少有笑容。

他们家,除了她,还有一对双胞胎弟弟。别人家养一两个小孩,负担　两个孩子上学,她家要负担三个。父母都是普通的职工,没有赚外快的途径,只能缩衣节食,抚养孩子们长大。

她和弟弟基本上没有玩具,柜子上的铁皮饼干盒,永远只是摆设。一个小铃鼓,老大敲完了,老二敲,老二敲完了,老三敲。有一天，妈妈从外面捡了一个缺了一只腿的钢琴，擦洗干净，爸爸用小木棍儿给支好了，大家高兴得不得了，整天拍个不停。

叶子7岁的时候，家里才有了一台黑白电视机。

别的小朋友有了自行车，叶子只有看着羡慕的份儿。那个叫徐志雄的小孩，每天在院子里把车子骑得吱嘎响，有一天，在从坡上冲下来的时候，摔了个头破血流，住进了医院。第二天，叶子终于鼓起勇气，蹭到徐志雄的家门口，对着正在嗑瓜子看电视的徐志雄的妈妈说："阿姨，可以让我骑一下徐志雄的自行车吗？"

徐志雄的妈妈瞪了她一眼，说了两个字："滚开！"

2

上小学了，每天会有买早点的钱，叶子会少吃一点，留一毛来买冰棍儿或者泡泡糖吃。

那时候的泡泡糖可是稀罕物，"大大"牌的，努到舌头上，一吹，吹出来好大一个泡泡，一不小心，破了，糊一脸。

糊脸了，没关系，从脸上撕下来，再接着吃。

上课铃声响了，舍不得扔掉，从嘴里取出来，用一个手指按在课桌底下，下了课继续取出来吃，刚开始还有点硬，但是嚼着嚼着就软了，还有甜味呢！

当然，家里有钱的孩子就不用这么吃泡泡糖了，他们的书包里，有好多呢。

老师说，要去春游了，每个人交5块钱。她没去，因为没钱。

叶子用洗衣粉洗了好几年的头。那时候，家里没有淋浴，都是用盆子洗的。叶子记得弟弟到了14岁，夏天还被父亲带着，在公用的洗衣台上，站在盆子里洗澡，有邻居经过，笑着说："哟！小果儿，都长毛了噢！"弟弟羞得满脸通红，从此打死也不在家门口洗澡了。

3

叶子人生第一次花出"巨款"，是去炸米花。

街上有一台拖拉机，拖拉机头上挂一个炸爆米花的机器，突突突突，米倒进去，筒状的米花就从那边出来了，热烘烘的，香气四溢。孩子们守在出口，一截一截掰下来，放进袋子里，回家去慢慢吃。

有一天，经过一再央求，妈妈终于同意拿一点米去打米花。孩子们雀跃而起，背着米就往街上跑，一个大人笑着说："哟！小叶子，小果儿，你家终于来打米花了，要加糖精吗？"

这句话，深深刺痛了叶子、果儿。他家穷，吃不起米花，所以要得到别人的轻视。

他们确实没带加糖精的钱。不加糖精，米花的味道就要大打折扣。

叶子想了想，说："有呢！你等着。"

她回到家，找到自己上学期的语文课本，把里面崭新的一张五毛钱拿出来,那是她唯一的存款,存了好久的压岁钱。

加了糖精的米花,真的好好吃啊!

4

叶子初中毕业的时候,有艺术学校来招表演专业的文艺生。

初试轻松地通过了。

叶子和妈妈一起去成都参加复试。

她们住在艺术学校旁边一个又冰又冷的招待所里。每天冷得睡不着觉。

第二天到了学校,叶子马上退缩了。好多漂亮的女孩子啊,头上别着发饰,穿着皮鞋,背着颜色鲜艳的包包。有的,骄傲地从小轿车里钻出来。

叶子觉得自己十分灰暗。

面试的时候,朗诵,形体,舞蹈,都挺顺的。

考官叫她们去填资料。

一位老师突然抬起头问:"你们家庭条件怎么样?"

母亲愣了一下,说:"一般。"

老师停下来,认真地说:"你女儿条件是挺好的,但是我建议你们不要继续考了。我们学校学费很高,而且将来,还会一年比一年高。学艺术要花很多钱的。将来,女孩们都考进来,互相攀比很厉害,对孩子的心理不好。学出来,还不包工作。所以,我建议你还是回去读个实用的中专,将来好找工作。"

叶子眼泪都流下来了。

她其实早就不想考了。

5

念完中专,她决定去北京闯荡。

母亲送她到车站。对她说:"身体第一,挣钱第二啊!"

在北京的第一份工作,是咖啡馆的服务员。不包住,她住在一所大学附近的学生公寓里,六个人一间。

周末,舍友都去逛街,她实在没钱去买任何一样东西,就拒绝了。几次以后,她们也不再叫她。有人说她孤傲,其实她是因为没钱。

她真的没钱,刚在这座城市立足,她需要的是一点存款,一点可以继续生活下去的安全感。

同事买几百块的衣服、上千块的自行车、进口的mp3,去烫很贵的头发,她都不可能。

她很孤独,融不进任何圈子,因为舍不得花钱。

6

叶子每天穿着干净的花衬衣，在咖啡馆里干活。闲的时候，就拿着喷壶，到门口浇浇花，或者拿本书，坐在落地窗前看。

咖啡馆开在一所大学附近，有很多学生来这里。

一个叫小杰的男生，喜欢上了叶子。

他每天都来，给叶子带好吃的，和叶子一起浇花。叶子每周休息一天，他会带叶子去动物园，或者去爬香山，或者，叫上三五好友，一起去他家里做饭吃。

小杰家不是北京的，他在北京的房子是他考上大学以后，他母亲专程赶到北京给他在学校附近买的。他是一个官二代，但是，没有坏毛病。待人真诚，爱看书，爱看电影，也爱叶子。

很快，小杰的同学们都称呼叶子是他的女朋友了，小杰听了也很高兴。

但是有一天，一个中年女人来到了咖啡馆，找叶子。

她是小杰的妈妈。一看，就是个保养得很好的太太。

小杰妈妈一坐下来，就对叶子说："我们家小杰，将来是要找门当户对的。"

门当户对。这四个字，深深刺痛了叶子。过去，她只是在电视里听见，没想到，有一天，竟然有人会对自己说出来！

她的自尊心很强,也很冲动,第二天,她就辞职,搬家了。

7

第二份工作,是广告公司的客服。

是一家小公司,加上老板,总共10个人。

老板人很好,对叶子关怀备至。

单纯的叶子,刚来北京的叶子,很容易被关心所打动。

老板请她去吃饭。

开车送她回家。

路过商场时,说:"我带你进去买件衣服吧,天冷了。"

叶子认为自己太幸运了,遇见了一个这样爱自己的人。

于是,就跟老板上床了。第一次的性体验并没有让她觉得有多好,她只是喜欢上了和一个人暖暖地拥抱在一起的感觉。

老板说我给你租一个房子吧,你不用上班了。

她乖乖点头。

然后,她就不上班了,老板每个月给她二十块。

这些钱,她都舍不得花,都存起来。老板说:"你存啥,花去啊,去逛街、做美容啊。"

她舍不得。

每天,她的事情,就是等待老板回来。

老板刚开始每天都来，后来两三天来，再后来，很久才来。

有时候，她也会问自己：这样的生活对吗？有意思吗？她才20岁啊，难道不是应该奋斗的年龄吗？但是她觉得，为了爱情，值得！

后来，她才发现，老板爱上的，不止她一个。

他爱上了别人，也对别人那么好。

这一次，她受伤很深。

她收拾了东西，搬回了地下室。

痛哭了几夜之后，她第一次跟室友出去泡酒吧。

喝酒，难喝！难喝，也喝！

她想尝尝醉的滋味，还假装成熟地，问舍友要了根烟点上。

"叶子！"一个正要离开酒吧的女人，认出了叶子。

叶子吓了一跳，这座城市，还有谁认识她？

原来是康妮，公司的设计总监，也是老板的合伙人。

康妮见叶子喝得烂醉，就叫她上车，带她回了自己的家。

8

康妮的家在望京，一个干净雅致的小公寓。

她给叶子熬了醒酒的梨汤，然后和她一起坐在地毯上聊天。

"叶子，你多大年龄来的北京？"

"19岁。"

"和我一样。"

康妮知道叶子和老板的关系，她对叶子说："叶子，你为什么不去挣钱呢？"

叶子说："我没有文凭，也没有亲友，没有路子……"

"谁说非得有文凭、亲友、路子？我当年和你一样，来的时候，一穷二白。"

"钱真的是好东西，叶子。"康妮说。

"真的吗？但我妈从小对我说，钱不是最重要的，最重要的，是亲情、健康、快乐。"

"没错，你妈说的没错。但是，孩子，我告诉你，没钱，确实也可以过得快乐，但是，有了钱，更快乐！还有，你想想，你没钱的时候，你爱你的妈妈吗？"

"爱！"

"等将来你有了钱，你就不爱你的妈妈了？"

"不会的！"

"这不就完了！你现在想你的妈妈吗？"

"想。"

"为什么不回去看她？"

"因为没钱。"

"如果你明天就可以走的话,你希望是坐火车还是飞机呢?"

"飞机。"

"为什么?"

"快!"

"坐飞机需要什么?"

"钱!"

这个晚上,康妮给叶子上了第一堂"女人一定要有钱"的课。

"一个女人,如果穷,如果自卑,就会迎合和容易被收买,容易被坏人用物质打动。但是,如果你自己有了钱,有了底气,就有更大的勇气,去追求自己想要的生活。没有钱,也可以谈理想,但有了钱,理想会更近一点。

"有了钱,不是想做什么就做什么,而是有了钱,你可以自己决定不做什么、拒绝什么;有了钱,你才可以完全按照自己的想法去生活,不违心地生活。

"再多的甜言蜜语,比不过自己手上有一张一百万的银行卡心里踏实。不信,你赚到感觉一下!"

"一百万!"叶子惊叫起来。这么多钱,她想都不敢想。

"一百万怎么了?只要你敢想,将来就会有。

"从现在开始,你就要对自己有要求,有挣一百万的目标,或者,你从十万的目标开始,你要彻底地要求自己做一个职场人士,努力追求高薪,争取一切赚钱的机会,去努力,去付出时间。另外,还要精打细算,做理财,积累财富。"

"真的可以吗?"
"可以的!"
"可是我做什么?"
"做什么都行。哪一行,都有达成目标的机会——做设计也可以啊!"

9

叶子花掉了所有的积蓄,去报了一个平面设计班。

她是设计班里最吃苦的学生。

每天早晨七点,她就起来了,复习昨天的课业,然后吃一点儿东西去学校。

上课时,她认真记,努力练,很多同学上了一半的课程,渐渐不爱来了,但是她坚持着,一堂课都没有缺席过。老师见她刻苦,给了她一个很好的练习机会:把自己接的私活,交给她干。这样,她既实际操作了最贴近市场的项目,又帮助老师完成了工作。老师自然也更愿意好好教她了。

给自己树立信心很重要。

她真的不比别人聪明,她只是相信练习一百遍之后,熟能生巧。

在这座城市,她不认识别的人,她只能自己给自己铺路。

康妮的话,就是她不断进取的动力。

除了学习,每个周末,她还去兼职当导游,为了认识不同的人,增长自己的见识。

刮风下雨,烈日当头,她始终保持着灿烂的笑容。大多数时候,吃着面包喝着矿泉水,在餐厅外面等待。

苦的日子,都是后来回过头看才觉得苦的,当时并不觉得苦。

有一天,她接待了一位来自比利时的中年男人强尼,穿着简朴的衣服,蹬着一双洗过至少100次的球鞋。她建议打车去火车站,他却说,时间还早,我们可以坐公交车。在公交车上,他们把座位让给了小孩和老人,站在那里聊天。强尼说,他其实很有钱,他的祖父给他留了一大笔财产,他完全可以什么都不做,纸醉金迷到老年。但是那样有什么意思呢?他喜欢吃一点儿苦头这样的旅行,可以看见这个世界上不同地方的人们,他们在过着什么日子,有些什么样的快乐。最真实的生活,在五星级的酒店和头等舱里,是看不到的。

叶子问他:"你用奢侈品吗?"

强尼说:"看什么东西。我不买名牌的包,也不开名牌的车,安全性能足够就可以了。但是我戴表,一块好的瑞士表,是百年工匠手工作品,是艺术品,每一刻用它来看时间,都是享受。我不穿大牌的衣服,但我穿意大利手工的皮鞋。用一些精致和美的东西,花钱才有意义。"

叶子说:"我现在也在努力挣钱,希望将来也能穿上一双手工做的鞋子。"

说这话的时候,她不好意思地笑了一下。

强尼睁大眼睛说:"挣钱,是一种积极的追求,你为什么要笑自己呢?"

10

叶子终于毕业了,一家出版社来学校招设计师,她成功地应聘上了。

终于成为"职场中人"。

我,叶子,发誓,从现在开始,用尽全力赚钱,要让我自己,在二十岁的时候,能有个自己的窝,不用看房东的脸色。我还要有一辆可以座椅加热的汽车,一个自己的衣柜。我要穿有质感的衣服。我要每年都带爸爸妈妈去旅游,将来,让我母亲每次去逛街的时候,不再只去看堆在地上的路边货。我要想去什么餐厅就去什么餐厅,想坐飞机去哪里,就去哪里。我要吃得起任何一样贵的零食，用得起香水，买得起鲜花，做得起美容和SPA。我要拥有不为钱发愁的爱情，生得起孩子，送得起孩子上私立幼儿园。

钱，不是我的敌人，我要努力去拥抱它！

11

叶子在出版社开始了努力赚钱的日子。

书籍装帧，看起来简单，其实不容易。

一本书的书皮，直接影响到它的销售。有时候，读者在书店里，往往是因为一本书的设计而产生了购买的愿望。

叶子虚心向每位和她接触的编辑学习，经常上专业网站去看资料，下载图片。

最重要的是，她每周六，都会去西单图书大厦。

去看那些在榜单上的图书的封面。看看是哪个设计师做的，记下来，回家去看他的网站，看他更多的作品。学习，领会，再学习。

经常工作到天亮。

一个人，用了心，会很快得到收获。

她设计的新书，得到了行业内人士的认可。

她的微博，渐渐有了好多编辑来看。

一些私活，也来了。

两千块，设计一个封面，赶上半个月的工资了。挺好。

渐渐地，她可以把家搬到公司附近去居住。每天步行上班，省掉了大部分的等车坐车的时间，下班了买点儿什么水果回家吃，闲了，去附近的影院看场电影。生活质量大幅提升。

12

在一次图书博览会上，叶子认识了在另一家出版社做发行的小杜。小杜疯狂地追求叶子，叶子觉得小杜这小伙子长得不错，人也老实，就答应了。

这场恋爱，一谈，就是两年。

小杜是一个懂生活的孩子，会自己动手用虹吸壶煮咖啡，会烤比萨、做意大利面。他有好多好听的音乐CD、电影碟片，还喜欢小动物。他们在一起生活的那两年里，一起养了一条狗、两只乌龟和两只小鹦鹉。

春天，他们骑车转胡同；夏天，逛公园；秋天，爬香山；冬天，去什刹海滑冰。

认识一年以后，小杜带叶子回了一趟老家，看望他的父母。

小杜的妈妈一见叶子就非常喜欢，马上把手上的一个玉镯子抹下来给叶子戴上了。

两个人,非常相爱,几乎到了去领证的地步。

但是,不知道从哪一天开始,他们之间的争吵,多了起来。

那是因为叶子接的活越来越多。

每个晚上,她都在加班。

小杜希望她能早点上床,但是她没办法。

小杜就急了。

一急,就吵架。

吵多了,感情自然受到损伤。

终于有一天,小杜和叶子长谈了一次。

小杜问叶子:"钱,真的就有那么重要吗?"

叶子说:"当然。"

小杜突然就爆发了,他跳起来,指着叶子说:"你真是钱奴,低端!虚荣!"

叶子惊呆了,她没想到,小杜会这样说自己。

"挣钱怎么了?挣钱不是为了让我们过上更好、更有品质的生活吗?"

"生活品质是什么?"

"就是用好的,吃好的,欣赏好的,和好的人在一起。"

"现在还不够好吗?"

"不够!"

"你难道不能做一个有精神世界、淡泊名利的人吗?"小杜痛心疾首。

"哼！说得好像自己一直生活在纯粹的精神世界似的。告诉你，你我段数都不够，不要太看高自己。只有有了钱的人，才有资格宣告自己淡泊名利。我不能，你也不能，这世界上也许真的存在视金钱如粪土的人，但不应该是你！"

"我为什么不能？"

"因为你还有父母，还有弟弟。你说你孝顺，过年过节，你给你父母寄过一分钱吗？你说你和你弟弟关系好，他生意失败，你能帮上他什么？你说你爱我，下次带我回你家，你能给我买一张卧铺票，而不是让我跟你坐三十个小时，趴着睡觉吗？"

"我妈不在乎这个，我是她儿子，我知道。"

"是不在乎，但是有一天，你能给她买一件衣服的话，她肯定会高兴的。"

"未必见得！"小杜仍是不服的样子。

"反正，你可以听见钱字就不舒服。但是，你不能看不起我挣钱。"叶子说。

"那好吧，那我们只能分手了。"

"分手就分手。"

就这样，他们分手了。

13

失恋之后,紧接着,是失业。

出版社设计部的领导知道了叶子在外面接私活,把她叫到办公室,要她停止这么做。

叶子没答应:"单位给我的任务,我不是完成得很好吗?"

"是很好,但是你也不能在外面接活。"

"为什么?"

"这是态度问题。"

"我接活,用的是下班时间。"

"那也不行。要是上面的领导知道了,会怎么看?"

叶子明白了,她要想多挣钱,就不能在这里继续干了。

于是,她决定辞职,自己开工作室。

这只是一点小小的挫折,对叶子的影响不大。

因为至始至终,她的目标都没有变。一点波动,可以让她反思,检讨自己,更加看清前路。

因为积累了很多的作品,还有很多作品都在畅销排行榜上,所以,叶子的工作室开起来,一切顺风顺水。

只是太辛苦了。

单枪匹马，孤身作战。

活儿越接越多，脑子和精力越来越不够用。

连续几个通宵下来，眼睛上的麦粒肿都起来了。一个女孩子，眼睛红得像兔子。

叶子决定招兵买马。

于是租了办公楼，注册了设计公司。

很多时候，你只需要渴望加行动，事情会推动着你走的。

真的！过去，她没想过，自己在北京，会开公司。

她忙起来了，买了辆车。坐飞机，去外地见客户。

为了钱，去战斗！钱，同时回报给了她自由。

谁不喜欢自由？

她现在走在路上，脚步匆匆，昂首挺胸，再也不是当年那个含胸自卑的小姑娘。谁都有能量，去改变自己的生活。有骨气的人，更应该去挣钱，夺回曾经因为自卑而被践踏的尊严。

14

七八年以后，叶子基本上不再为钱发愁了。

她当初发誓要做到的，基本上都做到了。

她的公司，已经不再只做装帧设计。

钱，是润滑剂。

让她的生活，越来越顺畅。

钱，可以买到很多的东西，让人得到更好的服务。

也可以成为敲门砖。

她亲自出发，去见一个大单客户，却被拒之门外。

后来听说客户爱打牌，她就去学。然后带上足够的钱，进入那个圈子，和客户成了牌友。

娱乐之际，客户问："叶子你是做什么的？""做设计的。""噢，那我们公司刚好需要做一套东西，明天我叫员工跟你联系可好？"

就这么简单。

15

后来，叶子基本上实现了财务自由。

财务自由就是，做什么，都不用斤斤计较了。

她比以前，更加有远见，有审美，有智慧，生活也更便利。

她心态放松，生活自由。做的，都是自己喜欢的事。

用钱能解决的问题，都不用瞻前顾后。

随时，随地，都可以用任何方式，犒劳自己。

可以帮到她想帮到的人。

她反倒过上了简朴的生活。

遇见了那个他,不会有人说,是为了他的钱。

16

结婚一年以后,叶子就怀孕了。
她把公司交给别人,停止了工作,安心在家种花种草。

一次产检,她在医院遇见了小杜。
小杜回了老家,结了婚,也有了孩子。
这次来北京,是带母亲来看病。
"真是烦透了!"他对叶子说。
母亲病在床上,他的哥哥和弟弟却在争财产,一人写一份遗嘱,逼着在病床上的母亲签字,看了都令人心寒。
"我现在,才知道了钱的重要性。"小杜说,"如果我哥哥他们都有钱,还至于这样吗?还不都抢着给母亲订病房、找护工?没钱,只能撕破脸,为自己争取最后的福利。现在,母亲躺在病床上,手术费还需要5万,凑不齐,医生就没办法手术。这时候,我才知道,钱,真的很好啊!"
他们正聊着,一个医生走了过来,递了一张纸给小杜:"你们商量好了,确定要放弃手术吗?"

小杜含着眼泪,签下了字。

叶子离开的时候,悄悄去医院收款台,放了一笔钱在小杜母亲的账户里。

小杜母亲那年送给她的那个手镯,她一直好好地收在家里。在她什么也没有的时候,小杜母亲那么喜欢她,那是钱也买不来的东西。

07
吃货人生

爱吃的孩子,
都应该被温柔对待。

0岁

花英小时候,别人家一个月要花一百块的奶粉钱,她家要花两百,因为她妈妈在给她冲的时候,总是被那股甜香弄得很馋,忍不住喝上两口,冲好了之后,再尝尝冷热,又喝下去不少。喝着喝着孩子就不够了,还得再去买。

美食,是她家的大事。

每天睁开眼,就听见爸爸妈妈在商量,今天去买什么菜。

她小时候,只要拿到手里的东西,都往嘴里送。她爸曾经还担忧,如果一坨便便放在面前,她是不是也会伸手去抓。她妈说:"要不咱们试试?"这个想法得到了她爸的呵斥。她妈还觉得很委屈:"人家就想试试咱闺女是不是傻……"她爸说:"不用试,会傻!"

1岁

耳朵特灵光。在哭呢,张着大嘴,高音喇叭,刹不住车,大人怎么哄都没用。

没辙了。

姥姥想了个办法,拿出一个饼干袋,撕拉撕拉。

花英听见食品袋的响动,马上就不哭了,左看右看,找情况。

2岁

父母忙,不得已要将她送到托儿所。

第一天送到托儿所门口,花英哭个不停,老师拿了一块儿饼干出来,她转身就奔向老师了。

妈妈捏着准备给她擦眼泪的手绢儿,愣在了原地。

3岁

看到一样东西,花英总是先问两句:1.能吃吗?2.好吃吗?

听说是好吃的,就是直勾勾的眼神儿。

去姥姥家做客,看见灶台上冒着热气,她兴奋地走过去。

"姥姥,姥姥,你在做什么?"

"我在熬中药呢。"

"中药好吃吗?"

"你想尝一口吗?"

"嗯。"

"给。"姥姥给了她一块熟地。

"……"

"好吃吗?"

"不好吃。"

"那你还守这儿干吗?"

"你再把那个红的我尝尝。"她伸出一根小指头指着。

姥姥笑了,挑了一个红枣给她吃。

4岁

童年是甜蜜的,枕头底下,藏着糖块。沙发的缝子里面,也是。

她不是那种很自私的小孩子,不是自己吃的别人绝对不能动的那种。相反,她很乐于跟别人分享好吃的。看着别人爱吃,她也高兴。

正因为这样,所以人缘特好,院子里大大小小的孩子,都喜欢跟她玩。大家一起,不遗余力在田间地头寻找美味。

大哥哥们爬上大树,摘下一串串槐花,给她一串大的,吮吸里面香香的花蜜。

小伙伴们上山掏鸟蛋,下河摸鱼,一起去摘酸甜的野果子。

过年前,谁家杀猪了,孩子们撒开了欢儿,小腿儿飞奔,跑得老快,去看,去守着,熬更守夜,就是为了守到一份刚出锅的油渣。油渣热的时候,酥脆油香,拌上点白糖吃,那香甜,满足了一个小吃货内心最初的、所有的渴望。

5岁

弟弟出生了。爷爷奶奶也搬过来一起住了。

家里不太宽裕的时候,很少买肉,妈妈就熬一小桶猪油,给孩子拌饭。米饭粒粒分明,泛着饱满的光芒,撒入点盐就行。入嘴,很美。

夏天,熬绿豆,做冰棍儿。不用白糖,用的是冰糖,讲究,口感还真就不一样。每舔一口,都甜蜜冰凉,含在嘴里慢慢化,舍不得马上就吞下去。

妈妈买水果回来,必须要藏起来,不然扭头的工夫,就被吃掉一大半。这个藏的位置,也得费点心思,家里就那么点儿地方,藏洗衣机的肚子,很快就被找到了。放在衣柜肚子里,也被找到了,没办法，放柜子顶上。

花英踩着板凳去够，掉下来，在脸上留下了一个小小的伤疤。

6岁

妈妈出差了，叮嘱爸爸要照顾好孩子们。

花英在半夜醒来，发现弟弟还在酣睡，爷爷奶奶也在隔壁扯着呼噜。而爸爸却不见了。

她悄悄下床，一个人走到院子里。

在如水清凉的月光下，等着爸爸回来。

夜晚，有蛐蛐的声音，也有风的声音。

一直到天蒙蒙亮，空气发出淡蓝色的光，爸爸的身影才出现。

她一下就哭了："爸爸，你到哪里去了？"

爸爸一头乱发，浑身是泥，他用一只手抱住她说："你最近太瘦了，爸爸给你抓鱼去了。"另一只手里，拎着满满一袋子河鱼。

花英看着那么多鱼，马上原谅了爸爸。

妈妈出差那几天，一家人美美地喝了好几顿鱼汤。

喝完汤，爸爸总是第一筷子，把最好吃的鱼下巴挑给她。这是鱼身上最好吃的地方。

爸爸交待花英说，不要告诉妈妈他一个人丢下孩子半夜下河摸鱼的事。花英点点头。这事，成了父女俩一辈子的秘密。

7岁

花英上小学了。每天在学校里跑跑跳跳,一身都是汗。口干舌燥,就和所有的小朋友一样,跑到自来水管旁边,伸过头去,拧开螺帽,咕嘟咕嘟痛快地喝上几口。那时候,水管里淌的都是冰凉的山泉水,还带点儿甜味呢。

早餐,好多小朋友都是大人给五毛钱,自己去学校门口买来吃。她吃的是蜂蜜馒头,或者是小笼包子。都是妈妈早起给蒸的。

春游,同学带的都是面包和火腿肠。她带的是饭团子、酱鸡腿和罗卜丝饼。

第一次逛动物园,别的小同学都是看这个好可爱啊、那个好可爱啊。她的话是,这个能吃吗?那个好吃吗?后来被老师教育了好久,才改变了想法。

8岁

花英第一次吃到了芒果。这成了她这一生最爱的水果。

黄色的果实闪着诱人的光芒。丰盛的果汁,一不注意就染黄了手臂。

花英专心吃着一个芒果，走在上学的路上，一不小心，摔了一跤。擦地而去的那一瞬间，把自己手里的芒果高高举起。

"扑通"一声，脸在地上擦出血印。路过的人都惊呆了。

她爬起来，首先看的是手里的芒果有没有事。

没事，没事就好。

她接着吃芒果，上学去了。

9岁

她爸每次出差，都带好多吃的回来，山东的干贝、蛤蜊肉，海南的芒果和椰子，贵州的山果脯儿，陕西的炉馍馍，云南的甘蔗，东北的蘑菇，广西的沙田柚，父亲只要一回家，她就迫不及待地去翻箱子……

这个小姑娘，是从父亲的行李箱里认识自己的国家的。

10岁

早上起来，问妈妈，早上吃什么。

中午回到家，第一句话，中午吃什么。

晚上放学回到家，第一句话，晚上吃什么。

其实，每顿都是简简单单的饭菜。

温暖，平淡。

一家四口，坐在一起，问着问着，吃着吃着，孩子们就长大了。

11岁

吃到了人生的第一个生日蛋糕。

那个时候的生日蛋糕，奶油还相当好吃。结实的，厚重的，甜香的，每一口都实实在在。不像现在的奶油，轻飘飘的口感。

12岁

上中学了。

同学们开始传起了小纸条，女孩们开始有了自己的心事。

花英却一直很快乐。

每天睡觉前，想想明天吃什么，充满期待地入睡，很幸福。早上一睁眼，想想可以吃到昨晚上想到的好东西了，就愉快地起床了。

13岁

身体发生了变化。妈妈每个月都给她煮暖暖的桂花红糖酒酿。

在别的女人生完两个孩子,晚上睡觉连脸都不洗的时候,她妈妈坚持晚上喝一碗莲子银耳汤,天天滋养着。

她和妈妈走出去,别人还认为是俩姐妹。

14岁

春天摘香椿,夏天吃莲藕,秋天炒栗子,冬天炖羊肉。

15岁

离开家,去外地上寄宿的高中。

妈妈给她收拾完行李,又在行李箱中,放了几盒健胃消食片。

她知道,爱吃的孩子,肚子永远有再来两口的余量来对付各种美食,所以担心她离家以后,会不知节制。

但是妈错了。

真正的吃货,是不会让自己把一个好吃的东西吃到伤的。花英似乎天生就知道这一点,所以,那几盒药,后来都放过期了。

16岁

暗恋一个男生。
那是唯一的、茶饭不思的日子。

17岁

终于跟那个男生说上话了。有点表白的意思。
那个男生是个优等生,问:"你的人生目标是什么?"
花英说:"我的人生目标很简单——去一些没有去过的地方,吃一些没有吃过的好东西。"
男生说:"呃……我们做永远的好朋友好吗?"

花英的眼泪在眼眶里打转。
她所说的,是多么美好的事情啊,他怎么不能理解呢?

18岁

到北京上大学去了。

去学校报到,同屋的舍友都还没熟悉完,学校周边的好吃的地方,小卖部里,她爱吃的虾片的位置,已经了解了个遍。

19岁

和舍友阿美处成了最好的朋友。

因为阿美,也是一个地道的吃货。

具体表现在,她在宿舍里煮方便面,不是一壶开水倒下去那么简单。

她会先慢悠悠地,打上几个鸡蛋,然后切上两片火腿,再搭配老干妈和几滴香醋。还有饭后的一根洗得干干净净的小乳瓜。

花英坐在上铺,看着她由衷地赞叹:"你真会吃。"

阿美认真地说:"女人嘛,就要对自己好一点!"

大学时光嗖嗖过。

吃货美名伴成长。

四川的麻辣烫、棒棒鸡,北京的烤鸭、豆汁儿,东北的小鸡炖蘑菇,西安的肉夹馍、擀面皮,山西的莜面鱼鱼……两个快乐的女吃货,在课余,四处坐车去寻访便宜又好吃的各地美味。

大二,她们俩成立了"吃货小分队"社团。

想加入的同学还挺多,但是,不是每一个人都可以加入。要入选，筛选是非常严格的。

要经过面试和笔试。

面试就是问一句："什么最好吃？"

一般回答"第一口最好吃"的同学，会直接录取。

还有就是："你吃饭前，爱拍照吗？"

很多同学迫不及待地拿出手机："给，看，每次吃饭，我都拍照。拍了这么多了……"

那么，很抱歉，你不够资格。

因为，真正的吃货，是不爱给食物拍照的。因为顾不上。

阿美还做了一张表格，写了好多条件。要满足其中三条以上，才可以哦。

1.认为吃是天下最有趣的事情，没有之一。

2.一吃到好吃的，整个世界都美好了。什么烦恼、压力，都是些啥呀，不认识！

3.看到"慢火细炖""入口即化""回味悠长"这样的词，都会咽口水。

4.如果不是重病，基本上没有胃口不好的时候。

5.面对好吃的东西，专注，痛快淋漓。

6.心情好的时候，要大吃一顿，心情不好，更得好好吃。累了，得犒劳自己一下，闲了，就更得吃吃玩啦。

"吃货小分队"最终录取了十几位成员。这些爱吃的孩子们，最终成为了最好的朋友，保持了终身的友谊。

因为吃货，是世界上最单纯的人，永远不改初心。

20岁

时时刻刻都会有幸福感。

每天真好，阳光好，空气好，绿树好，风好，雨好。

在某个把宿舍都打扫干净的周末，洗完澡，停下来，喝一杯白开水，都滋味无穷。

21岁

大学四年，没有睡过懒觉。

因为一号食堂里的汤粉太好吃了，如果起晚了，就卖光了。

就这样，在最爱睡懒觉的年龄，养成了早起的习惯。

就快要毕业了。花英真想去一号食堂抱着穿白褂的胖师傅不舍地大哭一场。

22岁

离开了学校。开始自力更生。

找工作,先看看那栋楼里的食堂怎么样,如果真不错,那么,她会眼睛亮晶晶的,充满激情和能量地去洽谈。总能成功。

她认为,任何一个不能给员工好午餐的公司,都不是好公司。

她最终选择的,都是好公司。

23岁

她是一个好员工,每天都充满活力和激情。

为了不被自己吃穷,所以必须努力工作。

爱吃的人,对其他感兴趣的事情,也总是热情满满,拥有超乎寻常的好耐心和能力,愿意花大量的时间和精力去完成。

困了,泡一杯好茶。

累了,偷偷往嘴里塞一颗巧克力。

和同事去吃饭,她先去排队,比谁都有耐心。有同事不耐烦,她总是耐心劝解:"等得越久,这个东西越好吃。"

周末在租的小公寓里拌一碗色拉,烤一个比萨,请朋友来聚会。有时,连上司也会一起来。

当大家坐到一起的时候,她心里觉得很幸福。

24岁

并不是贪得无厌地放开吃。任何好吃的东西,吃到撑,到最后的感觉都不好了。

不放肆,是为了得真味。

她管不住嘴,只好迈开了腿。

每天起床,走路到公司。一周游两次泳。

在健身这件事上,只要付出了,结果永不会辜负人的。所以,她能放心大胆地去吃。

真不是为了拥有好的身材,她是为了能继续吃下去而健身的。

25岁

终于把自己混成了一本活的大众点评。谁要请客了,就问她。不会失望。

吃到了好吃的,除了材料特别难买到的,基本上都能够回家复制出来。

26岁

这一年，过得不太好。

公司裁员，她也失业了，在家略有些颓丧。但是，想想明天可以不用早起，可以慢慢给自己炖一份汤，马上又来了希望。

谈了一次短暂的恋爱，被人辜负。

不愿在家一个人痛哭，就出去暴走，顶风行走，把这座城市，走了个对角。然后坐公交车回去。

暴雨如注。跑进一家拉面馆。

一口热汤下去，不再想哭了。

27岁

父亲来北京看病，情况不太好。

花英带他去她吃过的所有好吃的店。

最后父亲还是说，去买个玉米，回家煮着吃吧。

她知道，每个人心中，都有一道味，和岁月日子的流逝无关，和际遇、身在何处无关，那是相伴一生的、温暖的滋味。

父亲离京的那一天,她请父亲吃鱼。

菜上来了,她夹了一块鱼下巴放在父亲的碗里。

父亲流下了眼泪。

他们都不约而同地想起了十几年前,那个遥远的、再也不会回来的清晨。一个小姑娘,站在淡蓝色的薄雾里,等着爸爸的身影出现。

父亲说,最放心不下的,就是你还没成家。你要找一个能照顾你的人,能和你吃到一块儿、玩得到一块儿的人。

花英说,你放心,我一定找一个这样的,找不到,我就一直等。

这一年年底,父亲去世了。

28岁

开始领悟到人生的沉重。

开始了自我放逐的生活。

花英在杂志社领到一份美食专栏来写。

时间自由,东奔西走。

一直很孤单。

也有过路上情缘,最终不了了之。

也遇到过真正想娶她的男人。

但他大男子主义,坐下来点菜,从来不让她看菜单。

她肚子疼,他却带她去吃冰淇淋。

她想起父亲说过的话,决定还是继续孤单下去。

29岁

这一年,这个世界像疯了一样,接连有飞机失事的消息传来。

她却停不下自己的脚步。

5月初,风大。

她在机场等了8个小时,延误,再延误。索性起身坐地铁去火车站,有票,但是没座位。又再次回到机场。

她要去成都,然后转机去西昌。

好不容易登机了,却遇见暴雨,飞机备降在郑州。

在郑州机场的小酒店里,度过了大风大雨的一夜。

第二天一早,又起来飞。

飞机在气流中剧烈抖动,一飞机的人都在尖叫。

轰的一声,感觉到失重。

生命似乎在那一瞬间,就要终止了。

花英问了自己一句:你后悔吗?

她去西昌，是每年都去的。

是为了赶上最后的一季樱桃。

那里的樱桃，是全国最好吃的。不是那种硬硬的、脆脆的，是小的、柔软的、甜蜜的。从树上摘下来5个小时内就要吃掉，放久了，就不好吃了。

每一年，她都去的，她喜欢樱桃。

飞机终于在暴雨中降落了。

不管怎么样，只要今年没事，她明年还要再来。

30岁

这一年，她四月就来西昌了。

在种有樱桃树的农庄里住了半个多月。

有时候，她也会搭上一辆车进城去，吃点别的。

在一家生意火爆的小吃店，花英等着自己的锅盔和米线上桌。

旁边有一对情侣在打情骂俏。

"你吃什么味儿的锅盔？肉的，还是甜的？"男的问。

"吃肉的吧。"女的娇滴滴回答。

"你不能再吃肉了，小胖猪。"

"你叫我小胖猪,你才是小胖猪。"

"你是!"

"你是!"

"你才是!"

"你才是!"

"那人家吃甜的好了。"

"甜的更长胖呀,笨笨!"

"不嘛不嘛,就要吃甜的嘛……"

"好吧好吧……"

就在花英烦躁得不行的时候,一个男声淡定地响起来了:"老板,你家锅盔还有多少个?"

"大概50个。"

"都给我打包!"

留下小情侣干瞪眼。

花英马上觉得可爽了!

她看看那个男的,个高,浓眉,白鞋。付了钱,拎着锅盔大步走了。

第二天,花英在风中走了半个小时,去吃白水鸡。

刚把鸡点上,就看见一个服务生端了一盘鱼从她身边走过,浓香飘散过来。她像被施了魔法一样,忍不住眼光随之而去。

走啊走，最后停下来了。

那盘鱼，稳稳当当地被放在了一个男人的桌上。

还是那个人。

个高，浓眉，白鞋。

他还是一个人。

再次偶遇，缘分哪！

花英厚着脸皮凑过去："哎，你那个菜好吃吗？我可以尝尝吗？"

浓眉男倒是爽快："可以！要不你把你的也端过来，我们一起吃吧！"

遇见知己了！

花英喜笑颜开，端着自己的菜，坐了过去。

"你是一个人来西昌的？"

"是啊。你也是？"

"对！"

"这里好吃的东西太多了。"

"是啊。"

"你叫什么？"

"花英。你呢？"

"大圣。"

"啊？哈哈。"

"没错！"

两人一边说笑着,一边吃。

大圣问服务员要了一个勺子,把鱼下巴底下那块肉挖出来,全放进了她的碗里。

31岁

大圣从上海来北京看花英。

花英带着他,随便走走。
这个巷子的右边,有个什么小吃店很好。
那个街道的左边,有家咖啡馆不错。
大圣觉得都不错,但是他问:"你会做饭吗?"
"会啊!"花英说。

她请他到自己家里,给他包了一顿馄饨。
肉馅儿不是机器绞出来的,是自己在菜板上剁出来的,不粗也不细,还有些许的筋肉相连。放入些葱白、姜末、盐。汤放入红油,撒入葱花,再烫熟两根鲜嫩的小白菜,滋味鲜辣爽快。
一人一碗。
边吃边聊。
谈笑风生。
不是大餐,胜似大餐。

大圣是一家广告公司的总监,也是个为了吃一份蚵仔煎,会买张机票去台湾的那种人。

他对花英敞开心扉,说大学就谈恋爱了,有一个愿意跟着他一起吃苦的女友,冬天,喜欢去坐地铁游荡,取暖。饿了,经常就去7-11买一份关东煮或者饭团。

他是北方人,她是南方人,却愿意陪着他去喝滚烫的羊汤。

薄薄几片羊肉,粉丝,香菜。红红的羊油辣椒,入汤马上化开,香气冒出来,吃出密密的细汗,辣得她眼泪直淌。这是他们最奢侈的美食。

那时候,他迷茫,失意,发愁,是人生的低谷。生病了,她给他做西红柿鸡蛋面。你吃面,我喝汤,有一种暖到心里的幸福。

后来,她家里不同意,硬硬地分开了。

他们离别前,去喝了一碗羊汤,她的眼泪都滴进了碗里。他心里真是五味杂陈。

第二年,她就嫁人了。

后来,他做了广告公司总监。有自己的房子和车,每天都有应酬,去各种高档的地方吃饭。偶尔,他也会开着车,去7-11打包一份关东煮。但是他不太爱去喝羊汤了。

他讲完了,花英什么也没说,给他倒了一杯蜂蜜冰茶。

32岁

大圣向花英求婚了。

他说:"跟着我,成都住几年,武汉住几年,广州住几年,香港住几年。好吗?"

花英点点头,同意了。

08

请不要说广场舞大妈的坏话

每个老年人,都有过一个青春。
我们都是要老的,而且很快。
所有人,都别忘了这一点。
不管你现在多年轻。

1

那年回乡，看望亲人，约旧时好友吃吃喝喝，吃完了，在街上闲逛。

昔日的小广场，已经被整修一番，和全中国所有的小广场一样，里面"动次打次"，音乐震天，很多老头老太太在翩翩起舞。

一个好友对广场舞嗤之以鼻，说："全世界可能就只有中国的大妈热爱集体跳舞了，音乐难听，毫无美感。那哪是在跳舞，明明是在做有节奏的广播体操！"

"你不要这样说。"我马上打断她，"她们老了，没有太多选择，如果你母亲也在里面跳，可能你就不会这么想了。"

这个好友被我一说，很尴尬。

另一个好友马上解围，说："哎！你们看，雪姨也在那跳舞呢！"

我一看,是啊!

好久没见雪姨了。

她比过去瘦了好多,头发已经花白并且很少了。又黑又瘦,穿着暗红色的外套。

只是那高挑的身材,在大妈们中间仍是很起眼。

她完全没有注意到我们在看她并说到她。

她跳得很认真。

2

小时候,有一天,一个小朋友跑到我家来叫我,说快去院子里吃好吃的。

我跟她跑出去,远远就看见,院子里的小朋友都聚齐了。

大家聚集在雪姨家的门口,围着一锅汤。雪姨的两个女儿也在。

那是一锅美味的汤,我至今也还记得那个味道,里面的肉软糯弹牙,好吃得很,尤其是跟那么多小朋友一起分享,味道就更香了!雪姨就在旁边,看着我们大家吃得津津有味、笑眯眯的,很是满意。

她就是这样的一个女人,发自内心地喜欢小孩子。

我很难给你讲清楚,当我后来听说那一锅汤,是雪姨的胎盘时,内心是个啥感觉。

那是雪姨的第三胎，又生了一个女儿。

3

雪姨和雪姨夫是想要个儿子的，观念所致。前两个孩子都是丫头，夫妻俩都没脸回老家过年。要第三个，他们特别谨慎，又是查日子，又是看月亮圆缺，又是吃中药的。好不容易怀上了，又不放心，经常去找县城一位老中医来摸脉象，热切地期盼，追问又追问，搞得本来还有点信心的老中医"压力山大"，最后只好说："听说省城引进了一种机器叫B超，那个东西准！能帮你们看出来肚子里的娃娃是男是女，你们要是一定想晓得，就去省城吧！"

于是夫妻俩坐上班车，又坐上绿皮火车，赶到省城，托人，找关系，终于做到了B超，并且被告知：是个男孩！

那个高兴呀！两人一路牙呲着回到县城。

孩子5个月的时候，两口子不放心，又去了一趟省城，还是被告知，男孩。

8个月的时候，又去了一次。一定要确认是男孩才生下来！不能出任何差错。仍然被告知，是男孩。

总共做了三次B超，才信心满满地进了产房。

雪姨夫是医院的职工，托了关系跟着进了产房，这次，他要亲眼看着自己的宝贝儿子生出来，以防万一，可不能让别人给他抱跑了!

谁知道,生出来,还是一个女娃娃!

夫妻俩都惊呆了。

他们拿出B超单说:"这不可能,不可能!不可能不可能不可能!"

助产士抱着哇哇大哭的小姑娘,看了一眼B超单,噗嗤一下乐着说:"你家丫头有多想来这个世上啊!每次做B超都用自己的手指在两腿中间比了个小鸡鸡……"

雪姨笑了,雪姨夫一边笑一边哭。

4

雪姨把自己的胎盘炖了汤,这是传说中的大补品,她怕两个大女儿吃不完,干脆把院子里的小朋友都叫过来分享。

一边看着孩子们吃,雪姨的心还有一半牵挂着屋子里的小美。

三个女儿,分别叫林大美、林二美、林小美。

小美出生以后,雪姨心里一直很不安。她看着雪姨夫每天都在叹气,心事重重,似乎在酝酿着什么,她不敢确定,但早有预感。

女人的预感是很准的。

小美出生十几天以后,不见了。

雪姨带着两个女儿在县城找了一天,也没看见雪姨夫和小美。

晚上,雪姨夫回来了。手上什么都没有。

雪姨扑上去就问："孩子呢？"

雪姨夫脸色不好，悄悄说："别问了。今后别人问起，就说我们送回去给奶奶带去了。"

雪姨顿时就明白了。

雪姨夫扶着她的肩膀，安慰她说："将来，我们再生一个。"

雪姨紧紧地搂住丈夫，流下无可奈何的眼泪。

但是那个晚上，她根本无法入睡，浑身像有火在灼烧。

丈夫和两个女儿都已睡熟，但她总听见一个孩子的哭声，那是她可怜的小女儿的声音。

她无论如何，也无法闭上双眼。

天一亮，她就出去了。

一路问着走，问所有认识的、不认识的人，谁看见她丈夫昨天抱着孩子往哪个方向去了？

在好心人的指点下，她往山上跑去。

山上只有一条路，路边全是树，风把她吹得几乎要倒，但她仍不停向前，她不知道将走到哪里去，但，她想找到她的小美。

终于，她听见了孩子的哭声，发疯似的加快脚步，在一片树林里，孩子的声音从那里发出来。

她跑过去，左看右看，却什么也看不见，只听见孩子的哭声。

她怀疑是不是自己的耳朵出现了幻听，于是蹲下来，抱着脑袋静了静。

她再次站起。

那个声音没有停止。

她努力让自己安静下来,连呼吸都要停止。

终于她听见那个声音,是从一棵树下传来。

她发疯似的冲了过去,用双手猛刨地上的土,没刨多久,就把孩子刨出来了。

小美被放在一个竹筐里,盖上了盖子,然后埋在了土里。

这个命大的孩子,竟然一天一夜之后,还活着。

雪姨一身是土地把孩子抱回了家。

见到雪姨夫,就说:"就这三个丫头了!以后也不生了!你要是不接受,我就带着三个孩子一起去死!"

5

雪姨夫也接受了这个现实,只是从那以后,他变了。

天天喝酒,基本不关心雪姨和孩子了。

那时候县城里出现了一种叫卡拉OK的东西,一家小店,一台电视,两个音箱,两只话筒,四五张沙发。门口搭配一个烧烤摊。点一首歌,需要一两块钱。雪姨夫就天天沉迷在那里,他爱点的歌是《杜十娘》。

后来县城里又来了几个来路不明的女人，专门在歌厅里陪人喝酒唱歌。人们送她们别称叫"小姐"。她们走在街上，会被人从背后吐口水，但她们似乎从来不在乎。

有一天，二女儿病了，突然就发起烧来。
雪姨心急如焚，抱起孩子就往医院跑。
在街上，她遇见了和小姐搂搂抱抱的雪姨夫。
"咋了？"
"病了！"
"赶快上医院！"
雪姨夫竟然把小姐一块儿带到了医院。
雪姨和雪姨夫在病房里，那女人就在外面等。
雪姨生气地拉着雪姨夫小声说："你怎么把这种不三不四的人也带来？"
雪姨夫说："我花了钱的啊！总不能叫人退吧？"

在医院，孩子的烧终于降了下来。
还没输完液，雪姨夫就带着那个女人走了。

半夜，雪姨拖着疲惫不堪的身体，抱着孩子往家走。
路灯那柔和的光让她有点想哭。
已不奢望此时，谁来搭把手。
她又听见不远处的卡拉OK厅里，传来她熟悉的声音唱的《杜十娘》。

如果说，漫长的婚姻中，难免会出现岔路口。

雪姨感觉到，她和他，的确是越走越远了。

6

雪姨找人写好了离婚协议书。

雪姨夫回来，看了一眼，两把就把它撕了，然后去和孩子们玩耍。

看见孩子们在父亲身上爬来爬去，雪姨心又软了。

7

那些不三不四的女人不知道是什么时候从县城消失的。

雪姨夫不再公开和谁在街上搂搂抱抱。

他有了长期的情人，一个长相不如雪姨的女人，他的老同学。

那个女人和他家早就认识，和雪姨夫发展成那种关系以后，还时不时来他家做客，表情自然，神色轻松，还给孩子们买衣服和课外书。

雪姨夫也是神态自若。

他们以为雪姨不知道吗?

雪姨早就知道了。

她只是选择了忍受。

你们耍吧,你们发展吧。

反正我就是不离婚。看你们能发展成什么样子?

一切,维持着表面的和平。

听人说,男人到了六十岁以后就消停了。

她等着那一天。

8

三个孩子,已经够她忙的了。

时而被她们逗笑,时而为她们急哭,常常被她们感动,又时常被她们气疯!

每天早晨,大美给二美梳小辫儿,二美给小美梳小辫儿,雪姨给她们检查好文具和书本,看着她们一起出门上学去。

三个孩子都很省心,学习成绩都不错,最好的是小美,这孩子自己争取来到的人世,所以出落得最漂亮、最伶俐。

大美从小就是个成熟的孩子,在院子里是娃娃头,四年级就已经会帮妈妈做饭了。

二美爱唱歌，是班级里的文艺委员，经常在唱歌比赛中拿第一。就是身体不太好，每一学期都要因为各种毛病住院。

医院跑多了，雪姨就和儿科的吕医生熟悉了。

吕医生是城里人，支援山区来的。雪姨就没见过这么爱干净的男人，干净的衬衣、干净的头发、干净的手。他眼神很稳定，喜欢直视人的眼睛。

雪姨带孩子去看病，他会从抽屉里掏出一盒巧克力给孩子吃，还拿出一颗给她，说："你也吃一颗吧。"

她有好多好多年，没有时间和心情去品味一颗糖果的滋味了。那颗巧克力的甜蜜和柔软，差点让她热泪盈眶。

婚姻很漫长，谁都会在中途喜欢上别人的。

雪姨悄悄地喜欢上了吕医生。她想不到会这样。

她对自己说：一切，要始于心动，止于心动。也努力这样做着。

但很难克制的，她希望能看见他，因此，她甚至希望孩子能再次生病，然后突然，她又会为这样的想法感到内疚和羞愧。

9

孩子们上初中的时候，雪姨夫终于和他的情人断了联系，但是又染上了赌瘾。

本来就拮据的家庭更加雪上加霜。

他整夜整夜不回家，在赌桌上酣战。不输光，不回来。

雪姨劝过，没用。

没办法，她只好在工作之余，在单位门口摆摊，卖些袜子、秋裤什么的，多挣点儿是点儿。

吕医生经常来买袜子，数量之多，让雪姨笑着问他："你一个单身男人，哪穿得了那么多？"

吕医生笑着说："买来屯着，慢慢穿。"

有一天，雪姨和雪姨夫打架了。原因是雪姨夫回来要钱，雪姨不给，说那是给孩子们攒的学费。雪姨夫说："我拿去翻本，赢了回来就还你。"雪姨还是不给，雪姨夫就打她了，打得鼻青脸肿。

雪姨满脸是泪地跑出家门，她脚步疯狂，想到了死。

外面下起了雨。

她在街上遇见了吕医生，吕医生把她带回办公室，去要了些棉球和纱布，给她清洗。

深夜的办公室异常安静，他们也不怎么说话。

伤口清洗干净之后，吕医生拿出一包烟，递了一支给雪姨。

这是雪姨人生第一次抽烟，也第一次感受到烟的好处，它让人冷静下来。

日光灯管发出滋滋的声音。

他们相对抽烟。

吕医生问:"为什么不离婚?"

雪姨沉默。

过了好一会儿,她说:"如果离婚,孩子怎么办?"

"孩子都跟着你走。"

雪姨又沉默了一会。

她说:"那不行,他现在烂赌,什么都没了,离婚,再没了家,没了孩子,他怎么生活?"

"你这样帮一个刚打完你的男人说话?"

"……"

因为他是我孩子的父亲。

10

在那个电闪雷鸣的夜晚,他们差点就拥抱了。

吕医生紧张而冲动地说:"要不你离婚,跟我走吧!我会对孩子们好。"

雪姨说:"你别开玩笑了。"

在离开那间办公室之前,趁吕医生不注意,雪姨弯腰在地上捡了一颗烟头,吕医生扔下的烟头。

那颗烟头,她包在一张手绢里,藏在衣柜深处。放了好多好多年。

吕医生第二年就调走了。

11

一个人,老起来是很快的。

仿佛前几年还在抱着一个小婴儿感叹"你什么时候才能长大啊",一眨眼的工夫,几个小丫头,都已经长成了大姑娘。

大女儿考到外地上大学去了。

二女儿去读了中专。

小美也去了市里读寄宿中学。

雪姨发现自己也没有过去那么年轻了,腰身开始变粗,皱纹越来越多,行动也日渐迟缓。一切衰老的迹象都在不可避免地发生。

最让她难以适应的,是孤独。

原以为,孩子多了,不会孤独。后来发现,不管怎么样,都会孤独的。

原来热闹的饭桌,一下子空了。

有时候,宁愿吃点儿饼干,也不愿意做饭了。

身边虽然还有个雪姨夫,但是,有,和没有,都没差别。

雪姨夫老了以后,不赌了,又喜欢上了打架。

一个老头子，在外头，经常因为一两句话不对头，就动起手来。他人虽然老了，但是气势不减，还挺下得了手，经常把人打坏了，被送进派出所里。

雪姨经常去派出所接他，又是跟人赔礼道歉，又是拿钱给人补偿的。

"你打吧！打吧！早晚让人给你打断一条腿，你就消停了！"雪姨在回家的路上，不断地数落着他。

谁知道，真被她说中了。

第二年，雪姨夫真被人打断了一条腿。从此走路一瘸一拐的。

他的脾气变得更暴躁了，在家里挥着双手，对小美说："你看看，我就是被你妈咒成这样的！"

12

大美大学毕业了，回到家乡找了一份保险公司的工作。

二美中专毕业以后，去了浙江当导游。

小美去了省城念大学。

雪姨再也摆不动摊子了，数了数手上的存款，大概够养老了。就收了摊子，不干了。

一下子闲下来，有点不太习惯。

雪姨夫照样每天出去晃荡，很少叫上她一起出去玩。就算偶尔一起出去一趟,也会在半路上因为坐1路车还是坐11路车而大吵一架,分道扬镳。

雪姨每天就在家里,把所有的家具擦了又擦。擦完了,又把地拖了又拖。拖完了,就给自己做午饭。吃完了,拉把椅子坐在阳台上打盹儿。阳光,从阳台的一头,晒到另一头,有时候,她自己也分不清,自己是睡着了,还是没有。

有一天,正昏昏欲睡呢,门响了,大美回家来了。

大美坐下来说,想跟妈妈借钱买房子。

雪姨说:"买房子是男人的事,你急什么?"

"现在的社会太现实了,谈恋爱,男方也要看女方条件的!我最近看上一个我们单位的中层干部,约他吃饭,人家一上来就问,你爹妈是干什么的?你自己有房子吗?"

雪姨明白大美的意思,她想通过买房子,来提升自己的竞争实力。

"可是,妈妈的钱,是要拿来养老的呀!"

"嗨!你老了,跟我们过呀!等我成了家,你就来跟我们一起过!"

雪姨笑了,大美太年轻了,哪里知道生活的复杂呀!将来真住到一起,她就知道后悔了。

"行不行啊,妈?"

在大美急切的追问下,雪姨说:"我跟你爸爸商量一下吧。"

"不行!"雪姨夫听了之后,不但不同意,还火冒三丈,"从来只有给儿子买房的,没听说过给丫头买的,我还等着她嫁人的一天,给我送回彩礼钱呢!"

13

从那以后,雪姨每天开始琢磨,怎么样让手上的钱,能生出钱来。做生意,没力气了,只能看能不能投资点什么。

正好有一天,路过小区门口,一条贴在电线杆上的广告吸引了她:××理财,安全便捷,年息8%,欢迎参加免费理财讲座。

一年8%的利息,存上几年,就能给大美付个首付了!雪姨动了心,按广告上的电话打了过去。是一个年轻的小伙子接的。

"阿姨阿姨!"小伙子一口一个阿姨,叫得特别亲热,"您住哪里?我去接您来参加我们的活动。"

小伙把雪姨带到一个酒店的会议大厅,一看,好多老年人啊。

一个穿西服的人,正拿着话筒在台上演讲,声情并茂,说:"各位爸爸妈妈,你们辛苦了!"话毕,所有的工作人员都深深地朝雪姨他们鞠了一个九十度的大躬。

从那以后,所有的工作人员,都管老人叫爸爸妈妈了。

雪姨听第一耳朵,觉得别扭,第二下,就觉得心里暖暖的。

演讲人说,这款理财,随时存,随时取,按月取利息,就是为了方便爸爸妈妈们。高利息,也是为了回报社会,回报爸爸妈妈们一生的辛苦。今后,你们把钱存我们这里,我们就是你们的儿女,有什么事，爸爸妈妈们尽管说，因为我们是一家人。

接下来，就是工作人员给老人们洗脚，一起跳舞，唱歌。

雪姨终于觉得不寂寞了，有一种找到组织的感觉，这些给他们洗脚的孩子们，一个个，真的体体贴贴，比自己的孩子还暖心。

第二天，雪姨就把三分之二的积蓄交到了这家理财公司。

第二个月，雪姨就拿到了利息，心里美得不行了。

第三个月，那家公司消失不见了。

14

雪姨住了一个星期的院。出院以后，头发全白了。

她不敢把这件事情告诉任何人。

但最终还是被大美知道了，大美气狠狠地说："当初叫你借给我，你不借，现在好，全送给了别人！"

雪姨心如刀绞，只是央求女儿，不要告诉她的父亲。

15

半年后的一天，大美突然拿了好多合同回来，让雪姨签字。

雪姨看她脸色不好，就问她怎么了。

大美努力掩饰自己的慌张，说："没事，就是工作太忙，没睡好,这些合同是工作上需要走个流程,不方便亲自签名,你帮我签一下吧。"

雪姨也没再问什么,就签了。

没过多长时间,就有警察找上门来,带走了雪姨,说她涉嫌合同造假和商业诈骗。

雪姨都懵了。她一辈子安分守己,从没想过有一天,会有警察来找到自己。

到了,解释清楚了,才知道,大美出大事了!

大美太想赚钱了,私自挪用了保险公司的保费,拿去买房号来倒卖,挪用数额巨大,两百万!

大概知道自己要出事了,大美事到临头才想尽一切办法来弥补,所以做了一些假合同来找自己的妈妈签。

雪姨痛心疾首,恨女儿犯下糊涂事,还差一点把自己拉进了监狱。

大美最后被判了11年。

一个女人最美好的年华,就要在监狱里度过了。

雪姨十万分后悔当初没有借钱给大美。想起来,就心如刀绞。

16

更大的打击,还在后面。

大美入狱的第三年,二美出车祸去世了。

她当导游的旅游大巴,撞到了一棵树上,二美坐在最前排。司机没事,一车的人都没事。就她,受伤严重,抢救无效。

雪姨和雪姨夫,一辈子没出过远门,第一次,坐了汽车,又坐火车,赶到浙江,抱回了一个冰冷的骨灰盒。

回家的路上,雪姨坐在车里,脑子里全是二美小婴儿的样子、学走路的样子、过"六一"儿童节的样子、唱歌的样子、在厨房里帮她拣菜的样子、离开家时回头看她的样子……

回到家,雪姨整整半年没说一句话,终于接受了人生无常这个现实。

然后,雪姨夫中风了。

17

雪姨带着雪姨夫到处求医看病,多方打听,得知吕医生在省城的大医院,正好,小美也在省城念书,就去了省城。

吕医生告诉雪姨，雪姨夫得的这种病，很难痊愈。

雪姨的眼泪止不住地流。

吕医生轻轻抚摸她的肩膀安慰她。

他，还是那样的干净和柔和。

雪姨知道自己老了，已经不是当年的自己了。她突然想起当年，吕医生说，让她带着孩子跟他走。

如果那时她真的走了，现在，她和孩子们的命运会怎么样呢？

她伏上吕医生的肩膀，哭出声音来。

这一幕，正好被来办公室找母亲的小美看见了。

小美严重误会了他们。她以为，母亲，背叛了父亲。

这导致了她在父亲去世的那天，对母亲说："我永远也不会原谅你！"

这句话，如一把利刀，深深插入雪姨的心，雪姨从来没有告诉过小美，当年，她被父亲抱上山去埋掉的事情。

小美后来嫁了一个美国人，远走他乡。没有办婚礼，连电话都很少打回来。

18

雪姨越来越老了。
她每天都活着。
她没有什么责任，也不再是谁的累赘。
只有大把的时间需要打发。
她每日在房间里昏坐——直到听见远处广场传来的音乐声。

她去参加了广场舞。
有人组织，有老师教导，定时定点上课，每个月交两块钱的电池费。
这真是一件好事呀！消磨了时间，又锻炼了身体。
在人群之中，大家都显得不那么寂寞。

雪姨热切投入其中。
每天下午，成为她最期盼的时光。
至少在那一刻，她脑子里想不起逝去的青春，和远去的人。

"什么样的节奏，是最呀最摇摆……"
跟着音乐，前后左右地移动自己的手脚。雪姨跳着跳着，嘴角不知不觉挂起了微笑。

09
倒追的米粒

她从来都不是一个有心机的人，
这种玩心机的感觉，
让她非常不好受。

1

米粒失恋了。

那天她下班以后,发现男友小桂搬走了,一切毫无征兆。

小桂只给她发了一条短信,大意是:因为喜欢上了别人,又不好意思当面跟你说,所以选择了不告而别。你是一个乐观向上,心胸宽广的女孩子,应该不会伤心太久的,所以,拜拜啦。

米粒懵了。

她坐在沙发上,在脑袋里搜寻,才发现小桂近期确实是有些变化,比如,胃口大开,心情很好,洗澡的时候爱哼个小曲,比过去更爱照镜子,还报了个健身班,说要把腹肌练出来……另外,他用上了新牌子的香水。

显而易见,这些变化就是因为喜欢上了别人——一个爱吃的男人,要注意增加体力和保持身材……不是吗?

只可惜，她现在才发现。

想到这里她的眼泪夺眶而出。

那个晚上，她根本睡不着。枕头上都是小桂的味道。她觉得自己随时都可能再哭起来。她坐起身来，拧开台灯，凝视着桌上的手机。她多希望，电话能马上响起来，话筒里传来小桂熟悉的声音，告诉她这只是一个玩笑，他马上就回来。

女人有时候真的没出息到家了，明明知道男人背叛了自己，却还是难以抵抗内心的柔软和侥幸：只要你回来就好。

第二天，因为没睡好，她双眼浮肿，头发凌乱，黑眼圈跟画上去的似的。

还没来得及洗个脸，就有人敲门了。

她拉开门，一个长发女子站在了门口。她说："你好，我是小桂的女朋友，小桂忘了一件东西在这里，因为怕你打他，所以派我来取。"

那女孩皮肤白白的，下巴很尖，腰细，腿长，穿一身浅绿色的裙子，迎面带来一阵清新的空气。她看上去轻松、坦然、理智，直视着米粒的时候，反倒是米粒有些手足无措，因为还没有洗脸，她很窘迫，结结巴巴地问："他……他忘了什么？"

"他妈妈的照片。"

"噢。你稍等。"

米粒走到卧室，在床头边取过一个相框。相框里，一个和蔼可亲的中年女人正在对米粒微笑。

小桂爱他的妈妈,走在哪里都要把他妈的照片放在卧室里,米粒每次在阿姨的微笑注视下和小桂亲热都别扭无比。现在,她终于可以解脱了。

米粒把相框擦干净,用纸包好,装进一个厚厚的手提袋里,递给那个姑娘。姑娘对她点点头,转身走了。

米粒关上门,整个人靠在门上,恨自己软弱无能。

2

每天,都要用尽一卷手纸,才能够把眼泪擦完。

失恋本身,其实并不可怕,最可怕的是,受伤的一方,会不断追问和怀疑自己。

第一,是不是因为自己不够漂亮?

第二,还是自己不够聪明?

第三,那方面不如人吗?

第四,身材不够好?

第五……

想啊想,把脑袋都想疼了。

快停止吧,这样做是错误的。反省,只会让自己更加不堪和自卑。

没有什么第一第二第三第四,不能因为失恋,而觉得自己不如别人。

每个晚上，米粒都受尽折磨，无法入睡。

现在几点了？他们在做什么？自从见到了那个姑娘，她脑子里就会浮现小桂和她亲热的样子，她感觉心在开裂。

早晨醒来，第一感觉就是无法呼吸。躺在床上，看着天花板，整个脑袋里全是小桂。她忍不住又哭了起来。怎么办？他真的一去不回了吗？我该怎么办？我现在怎么才能不难受？

她走进洗手间，发现自己瘦了一圈。这让她感到稍微有点欣慰，看来失恋减肥确有其事呀！这时，咕咕作响的肚子在提醒她：已经好长时间没好好吃一顿饭了。

胃在向她抗议：失恋的又不是我，你为什么要让我受罪？

她给闺蜜打了电话，约她一起吃饭。正好也可以倾诉一番。

闺蜜说："别伤心，米粒，因为有第三者分手，总好过因为厌倦你了而分手！"

这句话让米粒觉得安慰。但她还是问：我该怎么办？我现在，就像是一条被丢在沙滩上的鱼。

闺蜜说："以本人失恋过100次的经验，从失恋中解脱的最好方法就是尽快开始下一场恋爱。"

3

接下来，好心的闺蜜就开始积极为米粒介绍"下家"了。她帮她注册了交友网站，隔三岔五就拉她出来参加饭局，有时，干脆直接安排一场相亲，米粒不愿辜负闺蜜的好意，有安排，她就去，但是去了坐在那里很少说话，让来相亲的对方很尴尬。

闺蜜有些急了："你要老是这副死样子，怎么走出来啊？积极主动一点不好吗？你听我的，别看你现在要死要活的，将来你要是开始新的恋爱，那个小桂姓啥你都会忘了！！！你不能继续伤心了！你要积极主动安排接下来的生活……"

对！米粒也捏起一个拳头，在胸口上下挥动了两下:我要积极起来，主动起来。

只是，她把拳头放下，对闺蜜说，你安排的相亲都很不靠谱啊。

闺蜜说："那你就自己去寻找啊，下一个恋爱对象不会站在马路对面等你，你要拿出'我是个好女孩，我要恋爱'的气场来……走到哪里，都要多留意好男生……我去过你们公司，帅哥挺多的，你就寻摸一位发展办公室恋情啊！"

"说起来容易，你以为男同事都是小蘑菇吗，全在那里等着我挎着小篮子一蹦一跳去采呀？"米粒说。

4

接下来，是漫长的夏天，整个城市因为她的心情低落在变味。

清晨的花不香了。路边的关东煮摊也不诱人了。就连今年的西瓜都不太甜。

米粒感到孤独。

她在脑海中一遍又一遍地回想闺蜜的话，那些话的确鼓励了她，但是当她独自一人的时候，她会发现，想要改变眼前的生活，真是难上加难。

百无聊赖的时候，她也会登录交友网站看一看，但是那些照片看着还不错的男士，聊着聊着，话题总是无一例外地会转到问身高、体重和三围上去，这让她觉得更无聊，于是连再见都不想说一声，直接下线了。

她宁愿选择在孤独的午夜出门，跳上一辆夜间运行的公交车，在空荡的城市转一个大圈，再回家睡觉。

每一次，把头靠在车窗，看着天上弯弯的月亮的时候，她的内心是一片茫然。

她想，我的生活是不是就这样了？

5

一周后,公司安排米粒和一位叫莫筝的男同事出差。

莫筝是销售部新来的,平时在公司照面不多,他给人的印象就是一个干净的、豪爽不羁的大男孩。豪爽不羁的印象,来自他时常响彻办公室的很二的笑声;干净的印象,来自他一直都一尘不染的鞋——米粒观察男生,总是从他的鞋开始的,一个鞋子洁净的男人,她认为,生活习惯坏不到哪里去。

和那些上飞机就开始睡觉,或者看电视屏幕的人不同,飞机起飞后,莫筝拿了一本书出来读,米粒一看,那本书叫《江城》。正好,他们要去的地方,离书中写的地方不远。

"你也喜欢这本书?"米粒问。

"是啊,一个外国人,把中国写得这么好,让我去重新注视一些见怪不怪的东西,真的很难得……他一定有一颗慈悲的心。"

米粒对他的评价表示完全赞同。

他们来到一个江边小城,忙完了工作之后,莫筝建议去附近的大学吃饭。

在大学旁边的小吃街上,他们找了一家挂着小灯泡的摊子,坐下来点了一个火锅。

"你知道吗？最早的四川火锅，就是在这样的江边小城开始的。船上的渔夫因为条件有限，就熬一锅汤，把所有的食材洗了，撕了，切了，烫来吃。"莫筝说。

"嗯，听说这里的火锅店，不管走进哪家，都不会让人失望的。"米粒说，"只是没想到，大学旁边的火锅，会这么便宜。"

"是啊，这也是我不管走到哪里，都喜欢到大学附近吃饭的原因，身边来来往往的都是朝气蓬勃的年轻人，让人感觉自己也还年轻。"莫筝说。

"我们这里有新酿的啤酒，两位想喝一点吗？"店主过来笑眯眯地问。

莫筝和米粒互看了一眼，很有默契地点点头说："尝尝，尝尝。"

这大概是她喝到过的最新鲜、最好喝的啤酒了。

酒是好东西啊！喝了几口就开心起来。看得出来，莫筝的酒量不大，不一会儿就脸红了。

喝完了酒，他们走路回酒店，那个晚上，有很多的星星，就在头顶。

江边的风越来越大。莫筝突然把外衣扯开，迎着风，挺胸张臂。

米粒被吓了一跳，紧张地说："你干吗？"

"把身上的火锅味吹淡一点。"他说。

6

"跟你出差的那个同事怎么样嘛?"闺蜜问。

"还行,风趣,开朗,人也是我妈喜欢的那种长相。"米粒答。

"机会来了,米粒同学。"

"可我真的提不起精神来,再说,人家只是同事……"

"唉,还是没放下小桂……那意思,就是想抓住往事不放,孤独终老了是吧……晚年养一只猫,在只有一丝光线的房间里听收音机,穿肥大的内裤,不屑于跳广场舞,又忍不住站在旁边看……"

"好吧好吧!打住打住!——你确定,只要开始了下一场恋爱,我就可以忘了小桂吗?"

"确定,十分确定。"

"那我……怎么才能让他来追我呢?"

"干吗要等着他来追你,你不会追他吗?"

"啊?倒追啊?"

"倒追怎么了?你不要拿面子说事啊。我看你是不自信,觉得自己追不到吧。"

"你别激我,没用。"

"那你就开始倒追吧。"

7

"冲动表白，死缠烂打，是最低级的倒追。"

"在一个男人面前表现自己很辛苦，很不容易，很可怜，找机会靠在人家身上大哭，让对方由同情变喜欢。这是不高级的倒追。"

"让他以为是自己先喜欢你的，是'最高境界'的倒追。"

这是闺蜜总结出来的"倒追级别"，她要米粒铭记在心。

追一个男生，必须郑重对待自己，每天换洗衣服，做面膜，定期清理黑头，让自己的脸和头发干干净净的，平日有时间，听听好的音乐，看有深度的书。不能每天灰头土脸，言语无味地出现。这个，是大前提。

可以加对方微信，但是，不要天天去找人家聊天，也不要一聊开了就无休无止。把自己每天的生活如实好好记录在朋友圈就好了。今天早起了，跑步了，做瑜伽了，看书的感悟什么的。千万不要去转发一些很无聊的东西。字要少，要让他自己慢慢去发现你的细节、你的优点、你的与众不同。

然后，就是很自然地，找他帮帮忙——"我的电脑坏了"，位列全世界女孩最爱的求助理由排行榜第一。

"可以过来帮我一个忙吗？"公司里，米粒对电脑里的莫筝说。

过一会儿，他来了。

"你帮我看看这个软件，升级以后，就很麻烦。"米粒给莫筝一个很无奈的表情。

莫筝三下五去二就帮她搞定了。

"哇，你真厉害！谢谢啊……噢！对了！送你一包绿茶表示感谢！"米粒双手奉上一包用宣纸做包装的茶叶："这是我一个朋友，辞职以后在南方的茶园自己种的，每年出产不多，所以，是限量版哦！"

莫筝眼睛一亮，很郑重的接过去了。

米粒微笑，她对自己珍藏的茶非常有信心，如果他爱茶的话，拿回去喝第一口，就会记忆深刻的。

8

"要淡定。接触一天，放手几天。"

"生活中，还有其他很多可以忙的事情。别一天老想着这事。"

"在公司开大会的时候，专心做笔记，看都不要看他一眼。"

闺蜜的指导。

过了几天，米粒主动到莫筝的工位找他。

"你喜欢作家野夫吗?"

"喜欢,《江上的母亲》很感人。"

"给!"

"什么?"

"他的座谈会邀请函。"

"哇!你从哪里搞到的?"

"我参加了一个读书会,每个月,都有很多活动,你想参加的话,我可以介绍给你!"米粒转身又回头,"要去啊!活动限制人数的,别浪费了。"

出门参加读书会之前,米粒穿上了一条新裙子,并且在脸上仔仔细细地扑了一层不容易察觉的粉底霜。

在刮着风的下午出门,天空中飞过几只鸽子,夕阳如火,晚风温柔,米粒的心愉快起来,脸色因此而变得更加好看。

她坐车赶往书店。

很快就噗通坐到莫筝身边。

莫筝很惊喜。

他们见到了喜欢的作家,他的演讲一点没让他们失望。

从书店出来,莫筝主动提议说:"真是太感谢你了,难得听到这么好的讲座,我回请你,去喝两杯怎么样?"

"好啊!喝什么?"

"夏天,当然喝啤酒啦。"

"去哪儿喝呢？"

"你不介意的话……路边的烧烤摊行吧？"

"不介意！"

他们步行到国子监附近的东北烧烤小店，莫筝伸出食指和中指，对老板比划了一下，说"两位"，然后拉了两个小马扎，放在小方桌跟前，他和米粒相对坐下。

一把烤肉，在老板手里，冒着烟，在铁网上嗞嗞作响。

莫筝伸脖子喊："老板，麻烦先来两瓶冰啤酒。"

细密的泡沫在杯子里升起，他俩碰了一下杯子，端起，一口气干了，表情都相当痛快。

这一次喝酒，他俩明显比出差时话更多了。

聊着聊着，一人讲了一件糗事。米粒说，有一年去瑞士旅行，在阿尔卑斯山脚下排队上厕所，女厕门口排了好长好长的队伍，男厕却轻松进、轻松出，后来她实在憋不住了，干脆就一头扎进了男厕，说了声"sorry guys!"就冲进了隔间。出来以后，那些排队的女生还在排队。

莫筝说："那你英语还不错啊。"他说他有一年也在欧洲旅行，他想去看歌剧，但是语言不通，不知道怎么对出租司机说，于是手脚并用，各种比划，司机点点头，把他拉到了动物园门口。

一个浑身脏兮兮的小孩跑过来向他们要钱，莫筝大方地给了她一张纸币。

这让米粒心里觉得很舒服。

那天晚上,他们一人喝掉六瓶啤酒。

在送她回家的出租车上,米粒感觉到很晕,就把头仰靠在椅背上。她发现莫筝正在用一种关切的眼神看着她,她心里想:这个人,真的可以把我从被人甩的黯淡生活中解救出来吗?是他吗?他就是那个人吗?如果我此时,向他表白,会不会就可以搞定了?

不!她耳边骤然响起闺蜜对她说的"只吸引,不表白"原则——"任何时候,不要主动表白。表白的话,一句都不要说。"

她闭上了眼睛,出租车开得很快,突然有一种想吐的冲动。

"要下车吗?"莫筝关心地问。

米粒摇摇头。

"那我给你把车窗打开。"

夜风灌进来,吹乱了米粒的头发。

米粒仍然闭着眼睛。

她感觉到一只手,在帮她整理被吹乱的头发。

那只手,温暖,宽厚,触摸到她的额头,她好喜欢这个感觉。

9

"怎么办?刚开始,我只是想摆脱失恋,完成倒追这件事。但是,现在,我发现,还真的有点喜欢莫筝了。"米粒对闺蜜说。

"要挺住啊,这个时候,千万要挺住。"闺蜜说。

"……"

"女人,一旦让男人觉得是上赶着的,就一切都完了。即便将来在一起了,也是属于劣势的。所以,你喜欢他,既要让他感觉得到,又要让他感觉不到。在模棱两可之间,激发他主动表白的勇气——鉴于现在你已经开始动心了,从现在开始,你们所有的进展最好都向我汇报一下,我帮你控制一下,免得被你搞砸了。"闺蜜很有信心地说。

10

上午十一点,米粒放下手中的工作,洗了个桃子,坐在茶水间啃。

莫筝突然出现了。

米粒慌乱地擦一下下巴上的桃汁。

"我周末要和朋友去爬山,你去吗?"

呃……米粒本想雀跃欢呼,说,去去去。但是,她想到了答应闺蜜的事。

"我……现在还不知道周末要不要加班呢,要是能去我告诉你哈。"

她赶紧打电话给闺蜜。

"不去,你俩刚吃完烤串没多久,你千万别屁颠屁颠跟着去了,欲擒故纵懂吗?千万别去啊!"闺蜜在那头吃着雪糕说。

11

过了一段时间,莫筝又来约米粒去游泳。

"不去!晾着他。"闺蜜在那边吃着麻辣烫说。

12

莫筝给米粒发了一条微信,邀请她参加自己的生日聚会。

这次,米粒想,我总能去了吧。

没想到,闺蜜的建议,还是那句——别去!

"你看他耐不住了吧。生日,是知根知底的朋友的聚会,谁谁都可以邀请的吗?他一定是在深思熟虑之后,邀请你去参加生日聚会的,这时候你的冷淡,是对对方的刺激,他会开始有些迷糊:之前那么合拍好玩,怎么突然一下变了?他会开始回忆你的点点滴滴,你们相处过的一切……你再挺一挺,然后就等着他主动出击吧!"闺蜜在那边很有把握地说。

可是米粒,却觉得有些不好。

她从来都不是一个有心机的人,这种玩心机的感觉,让她非常不好受。

13

莫筝过生日的那个晚上,米粒一个人在街上晃荡。

她有些后悔。

孤独感一直包围着她,她走过一个过街天桥,桥下,车流汹涌,她停了下来,感觉自己像是站在茫茫的大海上。

她知道,在这个城市,她渺小得如一颗沙粒,从身边路过的人,谁也不会多看她一眼。而此时此刻,她本来可以身处一个温暖、快乐的氛围当中,给一个主动邀请自己,还聊得来的朋友过生日。但是,因为那么多的小心思,还有那些所谓的"套路",她竟然亲自给拒绝了。

这是为什么呢?为什么要这样?

天上飘起了一点点雨。

米粒有些痛恨自己。

她想,为什么我会害怕失恋、害怕孤独?为什么我要相信所谓的秘诀和套路?为什么一直要听别人的?

想了很久之后,她拿起手机,给莫筝打了一个电话。

但是,他没有接。

14

第二天,米粒请了半天假,去给莫筝买了一个生日礼物。

她赶回公司,却发现莫筝的工位是空的。

她把礼物悄悄放在他的桌上。然后坐回自己的位置,等着莫筝的微信。

手机有响动,但都不是他的。

第二天,她绕道过去看。

那个礼物一直在原位。

莫筝没来。

她回到座位,呆了半天。

她想,去问问他的部门同事好了。问他怎么没来。但是,这样问,会不会太明显,别人会怎么看我……

你笨啊!脑子里另一个声音响起:你不会直接打电话给她吗?

15

喂?!米粒拿着电话说。

"啊！米粒，你给我打电话了？我这会儿正在琢磨，以前是不是跟你说错什么话了，你不想理我了……"电话刚接通，莫筝就快言快语地说。

"很抱歉，昨天没去参加你的生日聚会……我给你买了生日礼物，但是，你没来上班……"

"我现在在医院呢！"

"啊？！"

"我现在好可怜啊，米粒，我被蚂蚁咬了……"

"啊？！"

"我下班从一个小花园经过，看见一只长相奇特的蚂蚁，个子特大，我就想把它带回家当宠物养。"

"然后呢？"

"然后我就把它抓起来放进了双肩包里。"

"然后呢？"

"然后就是，它不知道从哪里跑了出来，爬到了我的身上，把我咬了。"

"啊？咬哪里了？"

"那个……屁股！"

"哈哈哈哈！"米粒大笑之后，觉得不妥，转用认真的语气说，"不认识、不熟悉的动物真的要少碰啊……"

"我哪里知道一个蚂蚁会那么厉害呢，咬了以后，我的屁股马上肿了起来，奇痛无比！而且我还感觉自己有点头晕眼花，就赶紧打车去医院，到了医院，医生就让我马上输液住院，说那种叫'红火'的蚂蚁毒液特别厉害，幸好我来得早……"

米粒心里充满了同情："你现在哪个医院？我去看看你吧。"

"中日友好医院……你快来看看我吧……我最害怕待在医院了……护士一会儿还要来给我打针……我已经快20年没打过针了……"

莫筝的声音太可怜了，米粒说："好！那我马上来看你。"

说完，她就准备挂电话。

"等等等等。"莫筝在话筒里喊，"你能给我带两个桃子来吃吗？"

16

米粒请了假，在公司楼下的超市挑选了几个好看的桃子，找有水的地方洗干净，打车去医院。

她已经想好了，忘记"倒追"这件事。也忘了什么表白不表白。

她现在，是去看一个受伤的朋友。

就这么简单。

"米粒！你来啦！"

屁股朝天、趴着输液的莫筝看着进来的米粒，露出了开心的笑容。

17

　　米粒把桃子削了，切成一牙一牙的，递给莫筝吃。

　　隔壁床正在输液的一个小伙子看见了，羡慕地对莫筝说，大哥，你女朋友对你真好。

　　莫筝嘿嘿笑了，并没有解释，也没有反对。

扫二维码,关注卖书狂魔熊猫君,
第一时间获取畅销书资讯!

图书在版编目（CIP）数据

永远不要找别人要安全感.2 / 韩梅梅著. -- 北京：
北京联合出版公司, 2017.2
ISBN 978-7-5502-5537-1

Ⅰ.①永… Ⅱ.①韩… Ⅲ.①女性－成功心理－通俗读物 Ⅳ.①B848.4-49

中国版本图书馆CIP数据核字(2015)第128745号

永远不要找别人要安全感2
作者：韩梅梅
责任编辑：李艳芬　王巍
选题策划：读客图书　021-33608311
特约编辑：读客高一君　读客夏文彦
封面设计：陈艳丽
版式设计：黄巧玲
责任校对：绳刚　张新元

北京联合出版公司出版
（北京西城区德外大街83号楼9层　100088）
三河市吉祥印务有限公司印刷　新华书店经销
2017年2月第1版　2017年2月第1次印刷
字数133千字　890毫米×1270毫米　1/32　6.5印张
ISBN 978-7-5502-5537-1
定价：32.00元

如有印刷、装订质量问题，
请致电010-85866447（免费更换，邮寄到付）